KB064746

인간과 자연의 비밀 연대

Original title: Das geheime Band zwischen Mensch und Natur:

Erstaunliche Erkenntnisse über die 7 Sinne des Menschen,
den Herzschlag der Bäume und die Frage, ob Pflanzen ein Bewusstsein haben
by Peter Wohlleben

Korean edition is published by arrangement with Verlagsgruppe Random House GmbH
through BC Agency, Seoul

위기의 시대, 인간과 자연의 조화로움을 향한 새로운 시선

인간과 자연의 비밀 연대

페터 볼레벤 지음 | 강영옥 옮김 | 남효창 감수

더숲

일러두기

1. 표기는 국립국어원의 외래어 표기법을 따랐으나 일반적으로 통용되는 표기가 있을 경우 이를 참조했습니다.
2. 이 책에 수록된 작품의 제목은 국내 번역본으로 표기하되, 번역되지 않은 작품의 경우 원서 제목을 기반으로 번역했습니다.
3. 본문의 하단 각주는 모두 옮긴이 주입니다.

머리말

몇 년 전부터 많은 국가에서 자연 체험이 제2의 르네상스를 맞이했다. 삼림욕은 신종 치료법으로 부상했고, 일본에서는 의사가 진단서에 삼림욕을 처방할 정도다. 한편 무분별한 벌목은 기후변화를 재촉하고 있다. 이러한 모순이 공존하기 때문에 자연 속에서 우리의 자리를 되찾는 일이 때로는 어렵다. 의도적으로 자연을 파괴하려는 사람은 없지만 우리가 이미 소비 지향적인 일상에 중독되어 있는 탓이다.

이런 현실이기에 마지막 지푸라기라도 잡는 심정으로 붙든 것이 환경 파괴에 대한 책임 떠넘기기와 미래에 대한 비관적인 전망이었다. 사람들은 인류가 종말을 향해 치닫고 있다며 위협하고, 티핑 포인트*를 넘으면 정상 상태의 기후로 되돌려놓는 일이

* Tipping point, 어떠한 현상이 서서히 진행되다가 작은 요인으로 한순간 폭발하는 것.

불가능하다고 주장한다. 하지만 우리에게 시급하게 필요한 것은 이러한 것들이 아니다. 이런 모습을 보면 중세 시대의 종교재판이 떠오른다.

오랜 세월 인간과 자연을 이어주었던 띠가 아직 훼손되지 않았는지 둘러보길 원하는 사람은 이 여행에 동행해도 좋다. 다행히 이 띠는 아직 훼손되지 않았다!

인간은 현대 기술의 도움을 받아야만 오래 생존할 수 있는 존재가 아니다. 나와 함께 숲속 여행을 하며 인간의 감각이 얼마나 뛰어난지 체험해보길 바란다! 예를 들어, 인간이 개보다 더 잘 맡는 냄새도 있다. 또한 인간은 나무에 전류를 흘려 거미의 털을 곤두서게 할 수 있다. 푸르른 자연에는 다른 동물과 더불어 인간도 이용할 수 있는 약국이 존재한다. 이 약국에는 각종 천연 약품이 잘 구비되어 있다. 특히 우리의 순환과 면역체계를 강화하는 커뮤니케이션 칵테일이 우리 주변을 둘러싼다.

하지만 많은 사람이 이 모든 것을 더 이상 느끼지 못한다. 물론 우리의 감각이 퇴화되었다는 의미가 아니다. 앞으로 내가 다양한 사례를 통해 입증하겠지만 아직 모든 감각이 손상되지 않았다. 우리가 있는 그대로의 자연을 느끼지 못하는 이유는 철학과 자연과학의 독특한 관점이 우리와 우리 주변의 모든 피조물 사이에 불필요한 벽을 쌓아놓은 탓이다. 즉 '여기는 인간, 저기는 자연'으로 구분하려는 사고 때문이다. '여기'에서는 지성이 작동하고 '저기'에서는 놀랍고도 영혼이 없는 무의식적인 체계가 지배한다.

우리는 여전히 경이로 가득 찬 체계에 속해 있고, 다른 동물과 마찬가지로 이 체계의 원칙에 따라 살고 있다. 이러한 깨달음을 얻는 순간 서서히 행복이 찾아온다. 그다음에 자연에 대한 보호 의식이 생긴다. 그러기 위해 먼저 다른 종의 생물뿐만 아니라 우리 자신, 인간이라는 종을 정확하게 알고 있어야 한다.

차례

1

숲은 원래 녹색일까?

자연의 매력을 깨닫는 사람들이 점점 늘어가고 있다. 나를 포함해 자연을 사랑하는 사람들은 숲을 보는 것을 넘어서 강렬하게 느끼길 원한다. 우리는 종종 때 묻지 않은 동물의 감각을 부러워한다. 그렇다면 인간의 감각은 원래 어떻게 생겼을까? 수백 년에 걸친 문명화의 결과 우리의 일상은 자연에 대한 예민한 감각을 잃었다. 그럼에도 우리에게 이런 감각이 여전히 남아 있는 이유는 무엇일까?

동물과 인간의 감각을 비교한 수많은 연구 보고서를 읽어보면 인간이 가진 능력은 날카로운 이성밖에 없다는 생각이 든다. 인간은 대부분의 생물에 비해 감각이 떨어지고 진화에서도 패배한 존재라는 인상을 준다. 게다가 자연과 인간을 이어주는 띠는 이미 끊어져 원상태로 복구할 수 없는 듯 보인다. 우리가 할 수 있는 일은 다른 동물들을 부러운 눈으로 바라보는 것뿐이다.

이것은 단지 느낌일 뿐 사실은 전혀 그렇지 않다. 인간은 주어진 환경에 적응하며 살 수 있는 능력을 가지고 있다. 우리 조상들은 숲에서 자연에 맞서 싸우고 위험 발생 가능성이나 먹잇감을 먼저 포착해야 했지만, 이런 능력을 갖추게 된 것은 그리 오래된 일이 아니다. 이후 인체의 설계도에는 변화가 없었다. 우리의 모든 감각이 아직 훼손되지 않은 것이다. 우리에게 부족한 것이 있다면 감각을 예민하게 키우는 훈련이다. 물론 이 정도는 우리가 충분히 만회할 수 있는 일이다.

우리는 모든 것을 눈에 집중한다. 여기에서 첫 번째 질문이 시작된다. 인간은 나무의 색깔을 어떻게 구별할 수 있게 되었을까?

초록빛 나무를 보면 긴장이 완화되고 건강에도 좋은 것이 확실하다. 그런데 우리 눈에 나무가 초록색으로 보이는 이유는 무엇일까? 다른 포유동물들의 눈에는 나무가 초록색으로 보이지 않는다. 대부분의 포유동물은 색을 구별하지 못한다. 동물의 세계에서는 색을 구별하는 능력이 제한되어 있기 때문이다. 이것은 지능이 높은 참돌고래도 마찬가지다. (모든 고래, 기각류*와 마찬가지

* 鰭脚類, 식육목의 해양 포유류로 지느러미발이 특징이다. 물개, 바다표범, 바다코끼리 등이 대표적이다.

로) 참돌고래의 망막에는 한 가지 유형의 원추세포만 있기 때문에 참돌고래는 명암만 구분할 수 있다. 원추세포는 색을 구별할 수 있게 해주는 세포다. 두 가지 색을 구별하려면 최소한 두 개의 세포가 필요하다. 독특하게도 돌고래류 동물은 녹색을 구별하는 원추세포만 있다. 이것만 있어도 다양한 단계의 명도를 충분히 구별할 수 있다. 청색광은 바닷물에도 충분히 많고 심해까지 뚫고 들어갈 수 있지만, 녹색을 구별하는 원추세포만 가진 돌고래는 청색광을 구별할 수 없다.

반면 개나 고양이와 같은 네발 달린 동물이나 노루 · 사슴 · 멧돼지와 같이 지상에서 사는 동물은 수중에서 사는 동물인 참돌고래보다 훨씬 더 많은 색을 구별할 수 있다. 이들의 눈에서는 청색 원추세포가 녹색 원추세포와 함께 작용하기 때문에 약한 컬러 스펙트럼이 생성된다. 반면 모든 단계의 적색 · 황색 · 녹색은 한 가지 색처럼 합쳐져 있다. 이 정도 능력으로는 녹색을 알아볼 수 없다. 인간과 다양한 종의 원숭이들처럼 녹색을 구별하려면 적색을 감지할 수 있는 원추세포가 있어야 한다. 우리는 녹색은 심리적 안정감을 주고 치료 과정에 도움이 된다는 사실을 알고 있다. 하지만 이것은 대부분의 포유동물에게는 아무 의미가 없다.

그런데 녹색을 구별하는 데 녹색과 적색을 감지하는 원추세포가 모두 필요한 이유는 무엇일까? 그 답은 빛의 파장에서 찾을 수 있다. 푸른 계열의 색상은 단파장이고, 녹색과 적색 계열 색상은 장파장이다. 쉽게 말해 '장파장' 색상은 녹색이든, 황색이든, 적색이든 어느 영역의 빛인지 상관없이 녹색 원추세포만 자극한다. 이때 청색 원추세포는 전혀 자극되지 않는다. 숲이 녹색으로 보이려면 다른 장파장 영역의 빛을 감지할 수 있는, 다른 종류의 원추세포가 더 있어야 한다. 인간의 망막에 이런 원추세포가 존재한다는 것은 기적과 같은 일이다.[1] 우리가 나뭇잎이 녹색인지, 노란색인지, 적색인지 확실하게 구별하는 것은 적색 빛을 감지할 수 있기 때문이다. 컴퓨터 또는 TV 화면의 작은 LED 화소들이 아무 이유 없이 청색-녹색-적색으로 구성된 것이 아니다. 이 세 가지 색상만 있으면 모든 색을 재현할 수 있기 때문이다.

숲을 녹색으로 볼 수 있는 능력을 가지고 있다는 것은 포유동물의 왕국에서 정말 특별한 사건이다. 인간은 왜 이런 능력을 발달시켰을까? 학자들은 이것이 적색보다 녹색과 관련 있을 것으로 추측한다. 예를 들어, 나무와 관목의 잎에 달리는 열매는 주로 붉은색이다. 또한 많은 종의 새들이 인간보다 붉은색을 훨씬 잘 알아본다. 식물은 이런 상황에 딱 맞춰 반응한다. 포유동물들이 먹는 열매는 대개 녹색 빛이 감도는 적색을 띠는 반면, 조류가 먹이로 하는 열매는 짙은 적색을 띤다.[2]

따라서 인간이 적색을 볼 수 있는 것은 지극히 논리적인 현상이다. 그런데 우리가 녹색을 아름답다고 생각하는 이유는 무엇일까? 또 우리가 녹색을 알아볼 수 있는 이유는 무엇일까? 혹시 이 질문 때문에 머릿속이 혼란스러워졌는가? 어쨌든 우리 눈에는 녹색을 인식하는 원추세포가 있다. 따라서 우리는 숲에서 끊임없이 녹색을 의식할 수밖에 없다. 청색의 경우와는 다르다. 우리 조상들은 청색을 알아보지 못했거나 중요하게 여기지 않았을지도 모른다. 19세기 독일의 언어 연구자 라자루스 가이거Lazarus Geiger는 고대 언어 중 청색을 의미하는 단어가 없는 언어가 많다는 사실을 확인했다. 기원전 8세기경 사람으로 알려진 고대 그리스의 서사시인 호메로스가 남긴 글에서는 바다를 '와인처럼 검은빛'이라고 표현했다. 그로부터 수백 년 후의 다른 저작물들에서 청색은 음영을 넣은 녹색이라고 표현되어 있다. 청색 염료가 개발되고 무역이 활발해지면서 '청색'이라는 개념이 사용되기 시작했다. 이후 우리는 청색을 독자적인 색으로 차별화하여 인식하게 되었다.

그렇다면 우리 눈이 인식할 수 있는 색의 대부분이 문화적 요인의 영향을 받았다는 뜻일까? 쉽게 표현하자면, 청색이라는 단어가 있기 때문에 우리가 청색을 알아볼 수 있다는 의미일까? 골드스미스 런던대학교 심리학과의 쥘 다비도프Jules Davidoff 교수는 인상적인 실험 결과를 발표했다. 다비도프 연구팀은 연구차 나미비아의 힘바족을 찾았다. 힘바족은 청색이라는 단어를 모르는 사람들이었다. 다비도프는 힘바족 피실험자들에게 모니터를 통해 12개의 사각형이 둥그렇게 나열되어 있는 그림 하나를 보여주었다. 사각형 12개 중 11개는 녹색이었고, 1개는 완전히 청색이었다. 힘바족은 청색 사각형을 찾는 것을 매우 어려워했다. 이번에 다비도프 연구팀은 영어를 모국어로 사용하는 사람들에게 교차 점검을 했다. 영어를 모국어로 하는 사람들에게도 12개의 사각형이 둥그렇게 나열되어 있는 그림 하나를 보여주었다. 이번에는 나열된 사각형이 전부 녹색이었다. 그중 1개에만 노란색 톤이 살짝 들어가 있었다. 실제로 나는 이 차이를 구별하지 못했다. 궁금하다면 여러분도 인터넷으로 직접 이 실험을 해볼 수 있다. 관련 사이트는 책 뒷부분에 수록된 출처를 참고하길 바란다.[3] 영어가 모국어인 피실험자들은 이 문제의 사각형을 찾는 데 큰 어려움을 겪었다. 반면 힘바족 피실험자들에게서는 다른 결과가 나왔다. 힘바족의 언어에는 청색을 의미하는 단어가 없지만 녹색을 표현하는 단어는 유럽 언어보다 훨씬 많다. 그래서 힘바족은 아주 사소한 색의 차이까지도 표현하고, 실험에서 사각형 색깔의 미세한 차이도 쉽게 구별할 수 있었다.[4]

유럽 언어권에도 색채를 구별하여 인식하는 감각인 색각色覺과 문화가 밀접한 관계에 있다는 것을 증명하는 흔적들이 남아 있다. 가령 러시아어 원어민들은 다양한 톤의 청색을 구별할 줄 안다. 러시아어는 다른 언어보다 연한 청색과 짙은 청색이 아주 세

밀하게 구별되어 있기 때문이다. 뉴욕대학교 조너선 위너워Jonathan Winawer 연구팀도 러시아어를 모국어로 하는 동료가 영어를 모국어로 하는 동료들보다 다양한 톤의 청색을 잘 구별한다는 사실을 확인할 수 있었다.

유감스럽게도 내가 알고 있는 것은 청색에 대한 연구 결과뿐이다. 나는 산림감독관이기 때문에 이 메커니즘과 녹색이 어떤 연관이 있는지 관심이 많을 수밖에 없다. 내가 산림감독관 관사 사무실에서 창밖으로 정원을 내다보면 수많은 녹색이 눈에 들어온다. 오래된 자작나무를 뒤덮고 있는 푸른빛이 감도는 녹색, 겨울잔디의 노란빛으로 바랜 녹색, 거대한 미송의 짙은 청록색, 해초의 황회색이 감도는 녹색 등. 전부 녹색으로 분류되는 색들이다.

이런 색들을 보자마자 머릿속에 다양한 식물과 물질의 차이점이 저절로 떠오른다. 전나무의 녹색, 피나무의 녹색, 오월의 녹색 등 이름에 색깔의 톤이 담겨 있다. 물론 일상생활에서 이런 개념들은 거의 필요가 없다. 이보다는 옅은 녹색이나 짙은 녹색처럼 두루뭉술한 표현이 더 많이 사용된다.

우리 조상들은 오래전부터 모든 톤의 녹색과 적색을 구별할 수 있었다. 실제로 이를 입증하는 증거들도 아주 많다. 앞에서 이미 설명했듯이 적색은 우리의 식량인 열매가 잘 익었다는 표시라는 점에서 중요한 색이었다. 그래서 녹색에서 황색에 이르기까지 모든 톤의 색이 중요했다. 우리는 잘 익은 노란 곡식을 어떻게 구별할까? 가뭄이 들어 누렇게 시든 채소밭, 또한 (열매가 설익었을 때) 녹색에서 황색 또는 적색으로 색깔이 변화하는 것을 어떻게 알 수 있었을까? 훨씬 더 먼 과거로 거슬러 올라가면 우리 조상들에게 이러한 차이를 구별하는 능력이 필요했던 이유를 알 수 있다. 사냥할 때 동물이 상처를 입으면 녹색 풀잎에 붉은 핏방울이 떨어지는데, 사냥꾼들은 이 붉은 핏방울의 흔적을 보고 사냥감을 쫓아다녀야 했기 때문일 것이다.

산림감독관의 업무는 사냥과도 관련이 있다. 내가 산림감독관직에 지원했을 당시 완벽한 색각이 필수 자격요건이었던 것도 피를 구별할 줄 아는 능력이 결국 업무에 포함되기 때문이었다.

잘 알려져 있듯이 적록색맹은 녹색에 대한 색각과 마찬가지로 유전자와 관련이 있다. 청색을 인식하는 원추세포가 있지만 문화적 요인으로 청색을 구별하지 못하는 사람은 녹색도 구별하기 힘들 수 있다.

인간의 감각 인식에는 문화적 특성이 반영된다. 이것이 어떤 식으로 변하는지 문자에도 뚜렷하게 나타난다. 알파벳으로 쓰인 단어의 의미는 바로 이해하지만, 일본 문자라면 상황은 매우 달라질 수 있다. 낯선 히라가나와 가타카나가 머릿속에서 어떻게 인식되는지를 안다면 놀랄 것이다. 미각의 인식체계도 이와 유사하다. 똑같은 음식이라고 해도 문화에 따라 역겨운 음식이나 맛있는 음식이 될 수 있다. 그 차이점을 직접 체험해보겠다고 굳이 멀리 여행갈 필요는 없다. 수르스트뢰밍Surströmming 캔만 따봐도 확인할 수 있다. 생선을 발효해 만든 수르스트뢰밍은 스웨덴 사람들에게 별미다. 하지만 나는 수르스트뢰밍에서 막 싸놓은 개똥 냄새가 스멀스멀 올라오는 것처럼 느껴진다. 대부분의 관광객은 볼록하게 튀어나온 수르스트뢰밍 캔을 따는 순간 토할 것 같은 고약한 냄새에 못 견뎌 한다.

우리가 녹색을 인식할 수 있는 능력이 문화적 요인이 아니라 유전적 요인과 관련 있다고 해도 이것이 모든 사람에게 심리적으로 같은 영향을 끼치는 것은 아니다. 우리가 나무의 초록색을 보면 마음이 편안해진다는 것은 많은 연구를 통해 잘 알려져 있다. 이것에 대해서는 다시 한번 상세히 다루도록 하겠다. 혹시 이 모든 것이 문화사적으로 관련이 있을까? 이 문제의 답을 찾으려면 주변 환경에 녹색이 많지 않은 이누이트나 갈색이 주를 이루는 사하라 사막에 사는 투아레그족들과의 비교 연구가 필요하다. 이런 연구에 대해서는 나 역시 지식이 부족하다.

아무튼 색깔은 정말 흥미로운 주제다. 하지만 색깔보다 훨씬 중요한 것은 정확하게 볼 수 있는 능력이다. 시력에는 유전적 요인뿐만 아니라 주변 환경이 엄청난 영향을 끼친다. 앞에서 잠시 말했듯이 건강한 시력은 조금만 훈련하면 찾을 수 있다. 훈련 부족이 문제일 뿐이다.

여러분은 안경을 쓰는 것이 좋은가? 아니면 시력이 떨어지는 것만큼은 피하고 싶은가? 근시의 경우 조금만 훈련하면 어느 정도 시력을 회복할 수 있다. 나는 예전에 근시는 선천적인 것이어서 온 인류가 안경을 쓸 날이 올 것이라고 생각했다. 옛날에는 지평선 멀리에 있는 사자를 보자마자 도망쳐야 했지만, 지금은 멀리 있는 물체를 보는 능력이 인간의 목숨을 좌지우지하지 않는다. 이렇게 뛰어난 인간의 시력이 진화라는 체를 통해 걸러진 이유는 무엇일까? 우리가 이런 위험에 처할 가능성이 현실적으로 희박하기 때문이다. 또한 보조도구 사용도 인간의 시력을 떨어뜨리는 요인으로 꼽을 수 있다.

그렇다면 우리 스스로 모든 사람이 안경을 쓸 수밖에 없는 상황으로 몰아가고 있는 것일까? 물론 그렇지 않다. 그사이 학자들은 인간의 눈이 짧은 가시거리에만 적응한다는 사실을 밝혀냈는데, 이렇게 된 것은 책과 컴퓨터 때문이었다. 다행히 이 과정은 원상태로 되돌리거나 그 상태로 유지할 수 있다. 여러분이 할 일은 한 가지다. 자연으로 나가 시선을 멀리 두고 시야를 넓히는 훈련을 하면 된다.

책상 앞에 자주 앉아 있으면, 특히 흐릿한 불빛 아래 책에 눈을 바짝 대고 있으면 근시는 점점 더 심해진다. 동아시아의 경우, 아이들이 대학 진학에 목숨을 거는 것도 관련이 있을 것이다. 현대 사회로 급속히 이행되면서 생긴 이 현상은 타이완에서 두드러지게 나타나고 있다. 타이완의 경우 고등학교 졸업생의 80~90퍼센트가 안경을 쓰고, 나머지 10~20퍼센트는 심각한 시력 장애를 겪고 있다. 처음에 학자들은 이 현상이 유전적 변화와 관련이 있을 것이라고 생각했다. 연구 결과 학생들의 시력 저하는 학업에 대한 스트레스가 심하고 야외활동이 줄어든 것과 관련이 있는 것으로 밝혀졌다. 타이완 청소년들은 성적에 대한 스트레스로 방 안에 틀어박혀 공부만 하다가 안경을 쓰게 된 것이다.[5]

나는 열여섯 살에 처음 안경을 썼다. 당시 내 안경 도수는 −2.5디옵터였다. 3미터 거리를 넘으면 내 눈에는 세상이 흐릿하게 보였다. 친구들과 달리 내 시력은 점점 좋아져 몇 년 후 −1디옵터가 되었다. −1디옵터는 안경을 쓰지 않아도 되는 시력이다. 당시 나는 직업 활동에 따른 당연한 결과라고 생각했다. 직업상 나는 하루 일과를 주로 숲에서 보냈다. 그 시간 동안 나는 나무줄기와 수관*의 상태를 관찰하고 평가해야 했다. 모든 것이 먼 거리에 있었다. 여가 시간에는 자연에 머무르며 목초지의 울타리를 수리하거나 장작을 팼다. 근시는 진화로 인한 적응 현상이 아니라, 우리

* 樹冠. 나무줄기 윗부분의 가지와 잎이 갓 모양을 이룬 부분으로, 그 모양은 수종이나 수령에 따라 다양한 형태를 띤다.

눈이 독서 등 근거리를 보는 데만 익숙해져 변형된 것에 불과했다. 어렸을 때 자연 환경에 자주 머무르면서 높은 곳이나 먼 곳에 시선을 두면 근시를 완화하거나 예방할 수 있다.

다른 훈련은 시력 향상과는 아무 관련이 없다. 혹시 사람보다 개가 멧돼지를 더 잘 알아본다는 사실을 알고 있는가? 사람들의 추측과 달리 개는 노루와 멧돼지를 냄새로 구별하지 않는다. 어떤 대상을 냄새로 감지하려면 바람이 정확하게 개의 방향으로 불어야 하기 때문이다. 개는 냄새보다는 안각*에 포착되는 움직임을 통해 다른 동물의 존재를 파악한다. 우리 집 개 막시는 심지어 움직이는 차 안에서도 차창 너머 동물들의 움직임을 기막히게 포착한다.

나는 산림감독관으로 일하면서 움직이는 차 안에서 동물들의 움직임을 포착하는 훈련을 저절로 하게 됐다. 멧돼지는 가장 몸을 잘 숨긴다. 그리고 노루와 사슴의 털 색깔이 괜히 흙색인 것이 아니다. 동물들이 움직이면 내 안각이 먼 거리에서도 이것을 포착하기 때문에 숲에 나 홀로 있지 않다는 것을 실감한다. 우리 눈은 황당하다 싶을 정도로 독특한 특성을 갖고 있다. 원래 시야의 가장자리는 시력이 매우 나쁘고, 해상도가 매우 낮기 때문에 물

* 眼角. 위 눈꺼풀과 아래 눈꺼풀이 만나서 눈 양쪽에 이루는 각.

체를 정확하게 볼 수 없다. 독일 튀빙겐에 있는 막스플랑크 바이오사이버네틱 연구소 라우라 파뎀레히트Laura Fademrecht 연구팀에 따르면 이런 경우에는 원, 사각형 등 단순히 실험 대상의 모양을 구분하는 것도 불가능하다. 그런데 놀랍게도 인간을 인식하는 것과 관련이 있을 때 이 영역에서 대상을 더 뚜렷하게 분별했다.

한편 학자들은 피실험자들의 시야에 인형극에 쓰이는 막대 인형을 놓고, 막대 인형에 윙크 등 다양한 움직임을 주었다. 피실험자들은 단순한 형태를 인식했을 뿐만 아니라, 인형의 움직임을 보고 공격적인지 우호적인지 파악할 수 있었다. 이것은 진화의 관점에서 볼 때 중요한 장점이다. 자신에게 다가오는 인간이 어떤 부류인지 분별할 수 있기 때문이다. 그래서 안각은 자연 속에서 방향을 찾을 때 중요하다.[6]

이 중요한 능력을 여러분도 직접 실험해볼 수 있다. 그것도 자연과 가장 멀다는 도시에서 말이다. 도시의 거리에는 사람이 많고, 여러분의 안각에 포착되는 먹이도 넉넉하다.

인간의 눈은 성능이 탁월하다. 다른 동물보다 정확하고 과학적인 시선은 뛰어난 능력을 발휘한다. 그리 놀랄 만한 사실은 아니다. 그렇다면 인간의 귀는 성능이 어느 정도일까? 동물의 왕국에 속한 다른 동물들에 비하면 인간의 청각은 약한 편이지만 퇴화되었다고 볼 수 없다. 정말 그럴까?

2

상모솔새의 노랫소리를 듣고 싶다면

상모솔새의 노랫소리를 들어본 적 있는가? 몸무게가 6그램도 채 되지 않는 상모솔새는 유럽에서 가장 작은 새다. 상모솔새는 아주 고음으로 노래하기 때문에 청력 실험을 해보기에 좋다. 간혹 귓속에서 '삐이' 하고 날카로운 이명이 울린 적이 있을 것이다. 상모솔새가 작게 '찌리리찌리리' 하며 지저귀는 소리는 우리 귀 내부에서 발생하는 소리와 비슷하다. 사람은 나이가 들수록 높은 주파수의 소리를 잘 듣지 못한다. 이렇게 새들의 세계는 서서히 멀어져간다.

그렇다면 우리의 청력은 성장이 중단된 것일까? 동물과 인간의 청력을 비교해보면 그렇게 생각하기 쉽다. 많은 인터넷 사이트에서 개는 인간보다 최대 1억 배 높은 주파수 영역의 소리까지 들을 수 있다는 극단적인 정보를 제공하고 있다.[7] 물론 이런 정보들은 심하게 과장된 것이다. 문제는 이 때문에 인간의 귀가 쓸모없는 기관처럼 보인다는 사실이다.

실제로는 이렇다. 인간은 20~2만 헤르츠 주파수대의 음파를 들을 수 있는 반면, 개는 15~5만 헤르츠 주파수대의 음파를 들을 수 있다. 그렇다고 해서 인간의 청력이 개의 청력보다 현저히 뒤떨어진다고 보기 어렵다. 우리는 단지 2만 헤르츠가 넘는 주파수대의 음파를 듣지 못할 뿐이다. 반면 개에게 이 영역은 소리로 가득한 세계다. 만약 한 가지 요소가 설정되어 있다면, 이것은 소리의 강도와 관련될 때만 의미가 있다. 귓바퀴 크기만 해도 개의 귀는 우리보다 우월하다. 그 차이는 여러분의 귀 뒷부분에 손을 대고 둥글게 오므려 보면 쉽게 알 수 있다. 둥글게 오므려진 귀는 소리를 잘 듣고 숲을 산책할 때도 도움이 된다. 그래서 멀리서 새가 지저귀는 작은 소리나 노루가 조심스레 나뭇가지 사이를 지나다니는 소리를 들을 수 있다.

그런데 귓바퀴와 관련해 기존의 속설과 다른 주장이 등장했다. 개와 일부 포유동물이 인간보다 청력이 뛰어난 이유는 소음원의 방향으로 귀(귓바퀴)를 빳빳하게 쫑긋 세우기 때문이라는 것이다. 반면 인간의 귀는 소음원에 반대 방향을 향하고 있다고 한다. 귓바퀴와 관련된 이 주장은 사실이다. 약 10~20퍼센트의 사람들이 개와 일부 포유동물과 같은 동작을 할 수 있다.[8] 하지만 인간에게는 이런 동작이 아직 발달되지 않은 상태여서 우리 귀는 앞쪽으로는 접히지 않는다. 최근 연구 결과 인간은 외형적 측면에 집중한다는 사실이 밝혀졌다. 우리는 필요에 따라 귀를 움직이지만, 사실 이 과정은 내부에서 일어나고 있다. 노스캐롤라이나 듀크대학교의 신경학자 쿠르티스 G. 그루터스Kurtis G. Gruters의 연구 결과에 의하면 바로 이런 이유로 인간에게는 눈이 필요하다고 한다. 그는 16명의 피실험자들을 빛이 완전히 차단된 공간에 두고 이들의 행동을 관찰했다. 피실험자들은 빛이 차단된 공간에 있으므로 컬러 LED에만 시선을 집중할 수 있었다. 놀라운 사실은 피실험자들의 눈보다 광원을 향하고 있던 고막이 먼저 움직였다는 것이다. 피실험자들의 눈이 따라잡을 때까지의 시간 간격은 10밀리초였다.[9] 눈과 귀가 거의 동시다발적으로 물체에 반응을 보인 셈이다. 이때 결정적인 역할을 한 것은 시간차가 아니라 청각 기관의 방향이었다. 지금까지 전혀 알려지지 않은 사실이었다. 더 놀라운 사실은 귀가 쫓고 있던 대상은 소음원이 아니라 눈이 초점을 맞추려는 대상이었다는 것이다.

그루터스의 연구 결과는 인간이 신체 능력을 어디까지 더 습득할 수 있는지 보여준다. 인간의 귀는 약하고 잘 움직이지 않지만 언제든 놀라운 능력을 발휘할 수 있다는 것을 명확하게 알려주고 있다.

눈과 마찬가지로 귀도 훈련하면 청력을 향상시킬 수 있다. 앞에서 이미 설명했듯이 시각과 청각은 서로 연결되어 있기 때문에 분리할 수 없다. 복잡하게 생각할 것 없이 자연의 소리에 귀 기울이고 청각 효과를 기대해보자. 예를 들어 나는 까막딱따구리가 우는 소리를 좋아한다. 까막딱따구리는 나이가 많고 두꺼운 너도밤나무에만 구멍을 뚫고 집을 짓는다. 요즘에는 이런 나무를 찾기가 쉽지 않아 까막딱따구리는 점점 희귀해지고 있다. 내가 까막딱따구리를 좋아하는 것은 좀처럼 보기 힘들어서이기도 하지만, 까막딱따구리의 인상적인 크기와 예쁘고 선명한 붉은 벼슬 모양의 깃털을 좋아하기 때문이기도 하다. 지금도 나는 까막딱따구리가 즐겁게 '크뤼크뤼크뤼' 하고 우는 소리를 들을 때마다 기분이 좋다. 20세기 말까지 아이펠Eifel 지역에 서식했지만 멸종한 것으로 간주되었던 큰까마귀가 '크록크록' 하고 울 때나, 이른 봄이면 수천 마리가 떼 지어 날아왔다가 가을에는 산림감독관 관사를 지나 따뜻한 남쪽 나라로 이동하는 검은목두루미 특유의 울음소리를 들을 때도 마찬가지로 기분이 좋다.

까막딱따구리, 큰까마귀, 검은목두루미의 울음소리는 내가 워낙 좋아하는 소리이기 때문에 내 귀에는 잘 들린다. 하지만 대부분의 사람에게는 이 울음소리가 주변 소음에 묻혀 잘 들리지 않는다. 검은목두루미의 울음소리는 삼중유리창, 단열벽, 저녁에 틀어놓은 텔레비전 소리를 뚫고 내 의식 세계로 들어온다. 밖에서 검은목두루미들이 우는 소리가 들려오면 나는 소파에서 벌떡 일어나, 이 소리를 즐기기 위해 현관문으로 달려간다.

사실 우리가 자연의 소리를 정확하게 듣는 능력에는 전혀 문제가 없다. 휴대폰 벨소리나 알림음처럼 시간이 지나면 저절로 '적응되는' 일상의 다른 소음들을 생각해보자. 기차역이나 기차 안 어디에선가 벨소리가 울리면 아무리 소리가 작아도 승객들은 본능적으로 몸을 움찔한다. 이런 모습을 관찰하면 재미있다. (나를 포함해) 대부분의 사람이 '나만의 벨소리'를 설정해놓지 않아서 같은 브랜드의 휴대폰 벨소리는 항상 똑같다.

자신의 무의식을 자연의 소리를 듣는 데 맞추면 주변에 사는 각종 동물의 소리를 편하게 받아들일 수 있다.

3

인간의 장腸도 코처럼 냄새를 맡는다?

자연에서 인간의 코는 아무 쓸모가 없는 것처럼 보인다. 나는 숲 해설을 할 때 이런 느낌을 받을 때가 많았다. 내가 숲 해설 프로그램 참가자들에게 너도밤나무나 참나무의 냄새가 어떤지 물어보면 참가자들은 그제야 숨을 깊이 들이쉰다. 내가 물어보기 전까지 대부분의 참가자는 눈으로 방향을 찾고, 의식적으로 맡으려고 깊이 숨을 들이쉬어야 숲의 향기를 묘사할 수 있다.

귀와 마찬가지로 인간의 후각 기관은 다른 동물, 특히 개의 후각 기관보다 기능이 떨어진다는 평가를 받는다. 개는 후각이 탁월한 동물로 여겨진다. 개의 후각은 인간의 후각보다 100만 배 더 뛰어나다고 한다.[10] 게다가 개의 경우 뇌에서 10퍼센트가 후각에 관여하는 반면, 인간의 뇌에서 후각이 차지하는 비중은 1퍼센트에 불과하다.[11] 인간의 뇌가 개의 뇌보다 10배 더 크다는 점을 감안하면, 결국 후각에 관여하는 뇌의 크기는 인간이나 개나 같은 셈이다. 인간이 개보다 후각이 떨어진다고 생각하는 것은 백분율로 환산된 수치 때문이다.

실제로 후각과 관련해 사람들은 이런 모호한 주장을 많이 한다. 그러므로 인체에서 후각이 차지하는 비중을 잘 모르는 사람이 많은 것도 당연하다. 진실은 항상 그 중간쯤 어디엔가 있다. 개는 우리보다 냄새를 훨씬 잘 맡는다. 여기에서 중요한 질문을 하나 던져보겠다. 대체 개가 어떤 냄새를 더 잘 맡는다는 것일까? 스웨덴 린셰핑대학교 동물학과 마티아스 라스카Matthias Laska 교수가 다음과 같은 실험을 했다. 그는 개를 대상으로 15가지 향에 대한 역치*를 실험했다. 동시에 그는 인간을 대상으로 한 역치도 측정했다. 실험 결과, 15가지 향 중 5가지 향은 개보다 사람이 더 잘 맡았다. 나중에 확인해보니 이 5가지는 과일 등 식물계 향이었다. 당연한 결과이므로 놀랄 것도 없다.[12] 개는 본능적으로 식물에 별 관심을 보이지 않고, 먹고살기 위해 필요한 것의 냄새를 맡으려고 한다. 당연히 사과 · 바나나 · 망고가 아닌, 노루 · 사슴 · 멧돼지일 것이다.

* 閾値, 생물체가 자극에 대한 반응을 일으키는 데 필요한 최소한도 자극의 세기를 나타내는 수치.

여기에서 오해가 없길 바란다. 인간보다 개의 후각이 전반적으로 훨씬 뛰어나다. 인간의 세계보다 개의 세계에서 후각이 훨씬 더 중요한 역할을 하기 때문이다. 또한 인간의 직립보행은 후각적으로 불리한 조건이다. 선 자세로 코를 킁킁거리며 땅에서 냄새의 흔적을 찾기란 불편할 수밖에 없다. 그렇다고 우리가 굳이 개처럼 엎드려 킁킁거리며 냄새를 맡고 다닐 필요는 없다. 인간의 후각은 사냥감을 쫓는 것보다 나뭇가지에 달린 맛난 과일이나 파트너를 찾는 데 유용한 도구다. 사람들은 이성異性의 향이 3천만 개에 달하는 후각세포를 스치고 지나면 금세 알아챈다. 여성의 경우 테스토스테론 수치가 특히 높은 남성의 향을 맡으면 바로 알아챈다. 잠재적 파트너를 유혹하는 고유한 DNA 간에도 유전적 차이가 심하게 나타난다. 그런데 이것이야말로 훌륭한 향수다! 그래서 인간은 자신의 고유한 체취를 다른 사람의 의식뿐만 아니라 잠재의식에서 인식할 수 있도록 덧입히고 더 매력적으로 만들 수 있다.[13]

후각을 이용한 파트너 선택은 포유동물의 세계에는 널리 퍼져 있다. 이때도 향수가 사용된다. 염소가 고유의 향을 사용한다는 것은 잘 알려져 있다. 우리 가족이 키우고 있는 숫염소 비토는 교미기가 되면 일종의 표식으로 오줌을 흩뿌리고 다니면서 자신의 체취를 바꾼다. 비토는 며칠 동안 앞다리와 주둥이에 집중적으로 오줌 샤워를 하기 때문에 100미터 멀리까지 이 냄새가 확 퍼진다. 우리한테는 지독하지만 암염소들은 이 냄새를 매력적으로 느낀다.

그런데 냄새는 코로만 맡는 것이 아니다. 기관지에도 후각 수용체가 있고, 어떤 향은 기관지를 통해 퍼진다. 소장도 인간이 섭취하는 음식물의 냄새를 맡는 데 관여한다. 뮌헨 루드비히막시밀리안대학교 연구팀은 소장 점막에 티몰과 오이게놀, 즉 타임과 정향의 향기 물질을 인식하는 수용체가 있다는 사실을 발견했다. 이 수용체는 원래 코에만 있다. 이러한 물질에 대한 반응으로 소장은 신호전달물질을 분비하여 소장의 운동을 변경한다. 이것은 우리가 선천적으로 특정한 향기 물질에만 노출되어 있다는 점과 관련해 아주 중요한 발견이다. 이 말은 최근 홍수처럼 쏟아지는 향수 · 향초 · 가정용품의 화학물질이 우리의 건강을 해치고 복통을 유발할 수 있다는 뜻이다.

실제로 숲에서 숲의 향기를 조금만 맡을 수 있거나 아예 맡지 못하는 사람들이 꽤 많다. 이는 주의력이 떨어져서가 아니라 후각 능력의 일부 또는 전체를 상실했기 때문일 수 있다. 뮌헨대학교 이비인후과 초빙교수 스벤 베커Sven Becker 박사가 방송에서 설명했듯이 이런 사례가 드물지 않다. 베커 박사는 독일 국민의 약 20퍼센트가 후각 능력의 3~5퍼센트를 상실했을 것으로 추정하고 있다.[14]

코의 기능이 완벽한 상태에서도 코는 주변 환경을 이해하는 데 있어서 눈이나 귀만큼 중요한 비중을 차지하지 않는다. 눈과 귀가 커뮤니케이션에서 훨씬 중요한 역할을 한다. 자연에서 인간의 코는 눈과 귀만큼 많이 사용되지 않지만 결코 무시해서는 안 될 감각 기관이다. 코가 얼마큼 활약할지는 우리에게 달려 있다.

4

자연의 맛이 항상 맛있는 건 아니랍니다

최근 출연한 토크쇼에서 나는 게스트들에게 독일가문비와 미송*Pseudotsuga menziesii* 나뭇가지를 시식해보라고 권했다. 독일에서 가장 흔한 수종인 독일가문비는 어느 정도 알려진 반면, 미송은 그렇지 않다. 침엽수종 미송은 북아메리카 서해안이 원산지로, 그곳에서는 아주 오래되고 인상적인 크기의 나무로 성장한다. 지난 수십 년 동안 독일에서는 미송의 조림이 증가하고 있는 추세지만 방송에서는 이 점에 주목하지 않았다.

미송은 설탕에 절인 오렌지껍질과 비슷한 맛에 향긋한 향이 난다. 적어도 나한테는 그랬다. 그래서 나는 미송 나뭇가지를 골라 두 명의 게스트들에게 맛볼 것을 권했다. 그들은 나뭇가지를 한입 베어 물자마자 끔찍한 맛이라는 듯 바로 뱉어버렸다. 두 사람은 미송 본연의 맛이 전혀 느껴지지 않았던 것이다! 이로써 유명인과 평범한 사람의 입맛에는 차이가 없다는 것이 확인된 셈이다. 숲에서 맛볼 수 있는 풍미는 신맛과 온갖 쓴맛의 중간쯤이다. 우리가 맛있다고 느끼는 것, 이를테면 잘 익은 장과*나 견과는 대체로 귀하다. 기껏해야 1년에 몇 주 동안만 구할 수 있다. 봄에 막 돋아난 새싹이나 잎은 신맛이 나지만, 나중에는 시고 쓴맛이 나면서 질겨진다. 칼로 나무껍질을 살살 벗기면 유리처럼 투명한 층이 나타나는데 이것을 형성층이라고 한다. 이 부위에는 영양분이 매우 풍부하다. 형성층에는 당과 탄수화물이 들어 있기 때문에 당근과 비슷한 맛이 살짝 나지만 쓴맛에 더 가깝다. 숲속 음식은 거의 대부분 이런 맛이다.

아주 오랜 옛날 우리 조상들이 먹던 음식은 지금과는 사뭇 달랐을 것이다. 오늘날 우리가 먹는 음식과 음료는 우리의 생활환경과 마찬가지로 일종의 진화를 거쳤다. 상점에서는 고객의 손이 가는 제품만 살아남는다. 식품 제조업체들은 고객의 입맛에 맞추기 위해 우리의 혀를 최대한 자극할 수 있는 맛을 개발한다. 방법은 점점 더 정교해지고 고객의 취향을 정확하게 저격한다. 그래서 우리는 이런 식품을 손에서 놓지 못한다. 화학조미료에 설

* 漿果, 다육과多肉果의 하나로 과육과 액즙이 많고 과육질로 여러 개의 씨앗을 감싸고 있는 열매. 감, 귤, 포도 따위가 있다.

탕 · 소금 · 지방이 전부 농축되어 있어 우리 몸이 필요로 하는 것보다 훨씬 더 많은 영양분이 공급된다. 이런 음식을 먹다 보니 우리는 화학조미료가 첨가되지 않은 자연의 맛을 잊게 된다. 나는 과일이나 채소도 자연의 맛을 잃었다고 생각한다. 인간이 인공 재배를 시작한 이후 과일이나 채소의 맛이 점점 달아지고 쓴맛이 나는 물질은 줄어들고 있기 때문이다. 우리가 먹는 음식은 풍요로운 맛이 넘치는 자연의 음식과 비교해 천편일률적이다. 커피나 피클처럼 아주 쓴맛이나 신맛을 내는 자극적인 식품들만 부각된다.

다행히 우리의 입맛이 영원히 망가지거나 맛을 느끼는 돌기인 혀 유두가 무뎌질 일은 없다. 돌기 하나에 100개의 미뢰*가 있고, 미뢰 하나에는 100개의 감각세포가 들어 있다. 이러한 감각세포는 오래 가지 않고 10일마다 재생된다.[15] 너무 뜨거운 음료를 마시다가 감각세포가 살짝 손상될 수 있지만 혀는 상대적으로 빨리 재생된다.

돌기가 100개이면 미뢰는 1만 개다. 너무 많다고 생각할 수 있지만, 말의 혀에는 약 3만 5천 개의 미뢰가 있다.[16] 말의 혀에 미뢰가 이렇게 많은 이유가 있을까? 당연히 있다. 목초지에는 수백 종의 풀과 잡초가 있는데, 개중에는 독성이 있는 것들도 있다. 말

* 味蕾, 혀에서 맛을 느끼는 미세포가 모여 있는 미세구조를 말하며 '맛봉오리'라고도 한다.

은 자신의 입술 앞에 무엇이 있는지 제대로 볼 수 없다. 머리가 워낙 크고 길쭉하기 때문이다. 자신이 무엇을 먹고 있는지 볼 수 없다면 말이 믿을 것이라고는 혀밖에 없다. 그래야 미심쩍은 풀을 먹다가도 먹으면 안 되는 풀이라는 판단이 서는 순간 바로 뱉어버릴 수 있다. 말은 정확한 실력으로 풀을 골라낸다. 우리 가족이 키우고 있는 암말이 풀을 골라내는 모습은 그야말로 환상적이다. 말은 자신의 입맛에 맞지 않는 풀이 입속에 들어오면, 풀을 구강의 가장자리로 보내고 우아하게 씹다가 입술을 이용해 퉤하고 뱉어버린다.

혀에 관해 설명할 것이 조금 남아 있다. 그러려면 잠시 코로 다시 돌아가야 한다. 혀가 우리의 신체 중 유일하게 맛을 느낄 수 있는 부위는 아니기 때문이다. 지금까지 알려진 바로는 향이 있는 식품에는 약 8천 개의 휘발성 물질이 들어 있다. 이런 향은 우리가 숨을 내쉴 때 작동하는 후각 프로세스를 통해 우리에게 전달된다. 우리의 미각적 인상 중 4분의 3이 코의 지각을 통해 남는다. 코감기에 걸렸을 때를 한번 떠올려보자. 아마 음식을 먹어도 맛을 느낄 수 없으니 즐겁게 식사할 수 없었을 것이다.

다음에 숲을 산책할 기회가 있으면 침엽수와 활엽수 등 겉으로 수종의 차이를 구별하지 말고, 독일가문비의 나뭇가지를 씹으면서 침엽수에 어떤 맛과 향기 요소가 있는지 느껴보길 바란다.

앞에서 이미 설명했듯이 구강은 미각 센서를 찾기 위한 여행의 끝이 아니다. 우리가 먹은 음식물의 종착점은 장腸이다. 장에도 센서가 있기 때문에 냄새를 맡고 맛을 보지만, 원래 이러한 센서는 코를 통해서 활성화된다. 이러한 세포들은 우리의 입안처럼 단맛을 내는 물질에 쉽게 중독되지 않는다. 소장에서 기록하는 당은 호르몬 분비에 영향을 끼친다. 이 호르몬은 우리가 '포만감'을 느끼도록 신호를 보낸다. 하지만 당이 들어 있는 제품에서는 이 신호가 아주 약하게 나타나서 우리 몸은 더 많은 양의 음식을 요구하게 된다. 그러므로 체중 감량을 원한다면 설탕 대용품이 함유된 다이어트 식품을 섭취해도 별 효과가 없다는 사실을 알아두길 바란다.[17]

요즘 화장품 · 세탁 세제 · 향초 등을 통해 코와 입뿐만 아니라 장에도 향이 쏟아진다.[18] 여기서 잠깐! 누가 화장품 · 세탁 세제 · 향초를 먹을 수 있을까? 답은 간단하다. 우리가 이런 것들을 먹지 않아도 피부와 기도를 통해 장과 신체 구석구석까지 도달한다. 완벽한 무적함대다. 조미료로 맛을 낸 음식들이 홍수처럼 수용체로 쏟아져 내린다. 독일연방위해평가원BfR 보고에 의하면 식품 제조에 사용되는 향(주로 인공 향)이 2,700종에 달한다고 한다. 자연적으로 생성되는 향의 수에 비하면 턱없이 적은 수다. 지금까지 발견된 향의 수만 해도 1만 종이다. 수치에 속지 말자. 순수한 수치로는 자연 향이 훨씬 많지만 일상생활에서 우리의 감각에 도달하는 향의 종류는 아주 적다. 우리는 지구상에 존재하는 모든 열매를 맛볼 수 없다. 글로벌 무역 시대라고 해도 우리가 맛보고 느낄 수 있는 열매는 제한되어 있다.

그러는 사이 우리의 장은 듣도 보도 못했던 향들로 넘쳐나고 있다. 이런 향들은 간혹 장에 트러블을 일으키기도 한다. 앞에서 자세히 설명했지만 우리 몸이 향을 인식하면 분비물 분비가 촉진되어 행동 변화를 일으킨다. 이것이 숲과 무슨 관련이 있을까? 우리가 자연 본연의 향과 맛을 생태계에 맞추면 신체 활동을 잘 조절할 수 있다. 반면 인공 첨가제는 우리 몸에 불필요한 스트레스를 준다. 따라서 숲을 걷고 잠시 휴식을 취하며 코와 입 그리고 장을 쉬게 해주어야 한다. 숲에서 우리의 감각으로 쏟아지는 모든 것은 우리의 신체에 꼭 필요하다. 따라서 천연 그대로의, 즉 첨가제가 들어가지 않고 가공이 적은 식품을 섭취한다면 삼림욕을 하는 효과를 얻을 수 있다.

5

자신의 얼굴을 만지면 마음이 안정되는 이유

지금까지 전형적인 다섯 가지 감각 중 네 가지 감각에 대해 알아보았다. 이번에는 다섯 번째 감각인 촉각을 다루려고 한다. 원래 촉각은 가장 중요한 감각이다. 대부분의 사람은 촉각이라는 단어를 들으면 손가락을 가장 먼저 떠올린다. 숲에서 촉각의 의미를 직접 몸으로 체험해볼 수 있는 놀이가 있다. 어른과 아이 모두 할 수 있는 놀이다. 한 사람의 눈을 붕대로 가려놓고, 다른 한 사람은 붕대로 눈을 가린 사람이 나무 사이로 지나다니도록 길을 안내한다. 안내를 받는 사람은 자신이 빨리 길을 포착할 수 있다는 확신을 갖고 있어야 한다. 매순간 거친 나무줄기에 머리를 찧어 통증을 느낄 수 있어서다. 이 간단한 놀이에서는 임의로 나무를 하나 정해두고, 붕대로 눈을 가린 사람이 나무를 손으로 만져보며 곳곳의 감촉을 느껴봐야 한다. 뿌리 옆 잔가지에 자라난 푹신푹신한 이끼, 수피의 구조, 작은 나뭇가지, 나무줄기의 지름 등 모든 것이 촉각을 자극한다. 이후 이 사람은 원 위치로 돌아가 방향 감각이 흐트러지도록 빙글빙글 돈다. 그런 다음 붕대를 벗는다. 이제부터 흥미진진한 일이 벌어진다. 과연 이 사람은 자신이 손으로 만졌던 나무를 다시 찾을 수 있을까? 대부분의 사람은 자신이 만졌던 나무를 아주 잘 찾는다. 손으로 만져보며 느낀 것이 이미지로 바뀌어 있기 때문이다!

촉각과 이미지, 즉 촉각과 우리의 눈 사이에는 직접적인 상관관계가 있다. 이는 2014년 국제 연구팀이 학문적으로 입증한 사실이다. 연구 결과에 의하면 피실험자들의 손가락이 무언가를 만질 때마다 1초도 안 되는 짧은 순간 눈의 움직임이 멈췄다.[19] 이 짧은 간격을 사람들은 의식하지 못했지만, 뇌의 집중력은 더 높아지고 뇌는 손으로 느낀 것을 처리했다.

우리의 신체 조직에는 촉각을 감지하는 감각세포가 무수히 많다. 피부뿐만 아니라 근육 · 힘줄 · 관절까지 최대 6억 개의 세포가 구석구석 숨겨져 있다.[20] 감각세포는 자기 몸의 한계를 확인하기 위해 필요할 뿐만 아니라 정신을 집중하는 데도 도움이 된다. 독일 라이프치히대학교 햅틱(촉각)연구소의 마르틴 그룬발트Martin Grunwald 소장은 촉각이 인간의 심리에 끼치는 영향이 무시당하고 있다는 점을 지적한다.[21] 그는 촉각의 중요성에 대한 낮은 인식을 개선하기 위해 사람들이 즉흥적으로 자기 얼굴을 만지는 행동을 연구했다. 실제로 모든 사람이 이런 행동을 한다. 예를 들어 책을 읽는 동안 자신도 모르게 얼굴을 만지고 있을 수 있다. 이 동작이 커뮤니케이션에 도움이 되는지, 일반적으로 어떤 영향을 끼치는지 알려진 바는 없다. 하지만 그룬발트의 연구 결과에 의하면 결코 쓸데없는 행동이 아니었다. 그는 피실험자에게 5분 동안 촉각 자극을 주고 이들의 뇌 활동을 측정했다. 동시에 그는 이들에게 귀에 거슬리는 소음을 들려주었다. 피실험자들이 자신의 얼굴을 직접 만졌을 때 뇌의 활동은 훨씬 활발했다. 반면 소음으로 뇌의 활동이 불규칙해지자 인지 과정은 중단 위기 상태가 되었다. 피실험자들이 자신의 얼굴을 다시 만졌더니 뇌의 흐름은 정상적인 리듬을 되찾았다. 자신의 얼굴을 만지는 행동에 정신을 안정시키는 효과가 있었던 것이다.[22]

보기 · 만지기 · 배우기는 현대 세계에서 박자를 맞추기 어려운 삼화음이다. 우리가 스마트폰과 텔레비전으로 더 많은 정보를 얻을수록 촉각을 점점 덜 사용하게 되기 때문이다. 이 현상이 장기적으로 어떤 결과를 초래할지 아직 알 수 없다. 지금 핸들을 뒤로 돌려도 다칠 일은 없다. 내가 말하는 것은 평범한 숲 산책이 아니다. 다음에 야외로 나갈 기회가 있으면 그냥 이것저것 만져보길 바란다. 길가에 있는 깃털은 누군가가 자신을 집어주길 기다리고 있다. 잡초가 들러붙은 미끌미끌한 돌은 낯선 인상을 준다. 더러운 손으로 재킷을 만지게 될까 걱정된다면 푹신푹신한 초록색 쿠션 같은 이끼를 조금 떼어 손으로 문질러보라. 물기가 있는 이끼의 세척 효과는 뛰어나다. 덤으로 또 다른 촉각 체험을 기록으로 남길 수 있다.

6

제6의 감각을 키우면 생기는 일

학자들은 시각 · 청각 · 후각 · 미각 · 촉각 등 우리에게 잘 알려진 다섯 가지 감각 외에 또 다른 감각이 있다고 이야기한다. 이를테면 몇몇 동물은 전기장을 느끼거나 화산 폭발을 미리 감지할 수 있다. 2004년 쓰나미가 동남아시아를 덮쳤을 때 물소들이 공포에 떨며 육지로 도망가는 모습이 관찰되었다. 이 모습을 보고 그 지역과 고지대에 사는 주민들이 안전한 곳으로 피신하여 치명적인 홍수를 피할 수 있었다.[23]

내가 더 흥미롭게 여겼던 것은 인간에게도 그런 능력이 있다는 사실이다. 이런 능력은 자연과 우리의 관계를 더욱 가깝게 해준다. 물론 이 관계가 간혹 인간에게 고통을 줄 수 있지만 말이다.

대표적인 현상으로 기상병*을 꼽을 수 있다. 고기압 지대에서 저기압 지대로 바뀔 때 나는 종종 두통이나 잇몸 통증에 시달린다. 이 증상 때문에 여간 불편한 것이 아니다. 다행히 몇 시간 지나면 통증이 사라진다. 독일 국민의 약 50퍼센트가 기상병에 시달린다. 혹시 여러분도 그중 한 사람인가? 지금까지 많은 학자가 회의적인 태도를 보이고 있기 때문에 딱히 도움될 만한 것이 없다. 증상에 대한 구체적인 토론도 제대로 진행되고 있지 않다. 학자들은 날씨가 우리 몸에 끼치는 영향을 부정하지 않지만, 기상병에 대한 학자들의 설명은 진부하기 짝이 없다.

날씨가 추워질수록 우리 몸은 체온을 섭씨 37도로 유지하기 위해 열을 더 많이 생성해야 한다. 반면 날씨가 더워지면 우리 몸은 땀을 배출해 열을 식힌다. 이 모든 것에 혈압 상승과 강하를 비롯해 혈관 수축과 확장 현상이 동반되어, 장기와 사지의 감각 이상을 유발할 수 있다. 내 기상병 증상을 다루기에 이 설명은 너무 단순하다. 내 몸에 기상병 증상이 나타났을 때 종일 집에 있으면, 체온이 계속 일정하게 유지되고 내 몸은 굳이 변화에 적응할 필요가 없다. 이때 변한 것은 기압뿐이다. 바깥에서 기압이 떨어지면 집 안에서도 동일한 수준으로 기압이 떨어진다. 그러니까 이

* 氣象病, 날씨 변화와 밀접한 관계가 있는 병증. 신경통 · 류머티즘 · 천식 · 간질 · 객혈 따위가 있다.

현상은 공기가 통하지 않는 상태에서는 일어나지 않는다. 이 증상을 경험한 사람이 수백만 명에 달하지만 아직까지 과학적으로 입증된 바는 없다. 아직까지는!

제6의 감각이라는 개념이 이 모든 현상을 설명하기에 충분한지, 우리 몸에 훨씬 더 많은 감각이 있는지는 알 수 없다. 이런 신체 감각은 제7의 감각일지 모른다. 혹시 제7의 감각이라는 말을 들어본 적이 있는가? 그렇지 않다고 해도 놀랄 것 없다. 제7의 감각은 가장 중요한 지각 능력 가운데 하나이지만 자주 언급되지 않는다. 제7의 감각에 관여하는 기관이 따로 정해지지 않았지만 여러분은 지금 이 순간 제7의 감각을 느끼고 있다. 제7의 감각은 여러분이 균형 잡힌 자세로 앉아 있는지, 소파가 푹신한지, 여러분의 손에 들린 책이 무거운지, 어느 지점에서 여러분의 몸이 멈춰야 할지 말해준다.

결국 많은 기관과 신경세포 사이에 이뤄지는 상호작용이 뇌까지 전달되고, 뇌에서 모든 정보를 분석하고 평가한다. 물론 이러한 신체 감각이 거대한 중추 신경계를 갖춘 생명체와 연결되어 있지 않다. 심지어 식물도 이런 감각을 갖추고 있다. 사실이다. 심지어 식물도 제7의 감각을 갖고 있다. 그래서 식물은 중력을 느끼고 몇 톤에 달하는 나무줄기의 균형을 유지할 수 있다. 예를 들어 너도밤나무의 수관이 중심을 잡지 못하고 흔들리면 편심생장*이 이루어져, 경사가 더 심해지지 않도록 막아준다. 또한 너도밤나무는 반대쪽에 인장 이상재**를 형성해, 텐트의 로프를 잡아당기듯 경사가 더 기울어지지 않도록 막아준다.

우리가 눈을 감아도 넘어지지 않는 이유는 신체 감각의 하나인 평형감각이 있기 때문이다. 반면 신경질환으로 신체 감각을 상실한 사람은 눈에 이상이 없다고 해도 신체의 균형을 유지할 수 없다.

이쯤에서 그만하고 원래 다루려던 주제로 다시 돌아가겠다. 일반적으로 사람들은 초자연적이거나 현대의 과학적 방법론으로 완벽히 설명할 수 없는 경우를 제6의 감각이라고 한다. 앞에서 잠시 언급했던 기상병도 우리를 위협하는 위험을 예측하는 능력 그 이상의 것이다. 이런 것들은 대체로 신비주의 영역에 속한다. 미국 세인트루이스 소재 워싱턴대학교 연구팀이 이러한 초감각 현상의 진실을 밝혀내기 위한 실험을 했다. 예를 들어 불현듯 무언가 잘못된 것 같은 느낌이 들 때가 있다. 이런 경우 우리 몸은 경고 스위치를 켠다. 이런 느낌은 사람들이 위험을 자각해 자신을 지키게 하려는 것을 목적으로 한다. 하지만 뒤에서 누군가 쳐다

* 바람 등의 영향으로 수관이 한쪽으로 치우치거나 수간이 기울면 형성층의 분열이 불균형해지면서 나이테의 중심이 한쪽으로 쏠린 채 성장하는 것.

** 引張異常材. 활엽수재의 줄기가 한쪽으로 기울어져 비대 생장할 때, 생장이 빠른 위쪽에 발달하는 조직의 목재.

보는 듯한 느낌처럼 지극히 평범한 것도 있다. 이럴 때 실제로 뒤를 돌아보면 누군가 여러분을 쳐다보고 있다. 여기에서 또 한 가지 중요한 질문을 던져보자. 명확하게 정의 내리기 어려운 이런 감정은 어디에서 오는 것일까?

이 비밀의 흔적을 찾기 위해 연구자들이 한 가지 실험을 고안했다. 피실험자들은 푸른색 또는 흰색 줄을 띄운 화면 앞에 앉았다. 그다음 이 줄은 화살표로 바뀌었다. 실험자는 피실험자들에게 화면에 제시되는 방향에 따라 두 개의 버튼 중 하나를 누르도록 했다. 버튼을 입력하기 전 1초도 안 되는 짧은 순간에 화살표의 방향이 다시 바뀌었다. 이때 피실험자들은 자신의 결정을 바꿀 수 없었다. 뭔가 뒤죽박죽인 것처럼 느껴지는가? 물론 그럴 수 있다. 사실 피실험자들은 이 표본을 전혀 의식할 수 없었다. 갑자기 색깔이 바뀐 것을 알아차릴 때 중요한 역할을 한 것은 화면에 처음 나타났던 줄의 색깔이었다. 피실험자들은 아마 잠재의식에서 변화를 알아챈 듯하다. 여러 차례 실험 후 무의식적으로 화살표의 방향을 가리키는 피실험자들도 몇 명 있었다.

이 활동이 일어날 때 피실험자들의 뇌파를 측정한 결과 특정 부위만 활성화되어 있었다. 바로 전측 대상회 피질ACC, anterior cingulate cortex이다. 전측 대상회 피질에 대해서는 아직 제대로 연구된 바는 없지만, 전측 대상회 피질이 우리 주변의 미묘한 무의식적 암시를 의식의 세계로 이동시키고 감정과 연결한다는 것만은 확실하다.[24]

제6의 감각은 이마 뒤쪽에 위치하고, 여기에서 주변 환경과 관련된 각종 정보를 부지런히 처리한다. 이 문장을 읽고 있는 순간에도 여러분의 뇌는 실내 온도, 주변 소음, 냄새 정보를 등록하고 있다. 반면 독서 중일 때 여러분의 뇌는 이런 것들을 의식하지 않는다. 뇌의 관심사는 다른 활동에 있기 때문이다. 전측 대상회 피질 영역이 이러한 혼합 활동에서 감각 인상을 도출하면 즉각적인 행동이 필요하다. 불쾌한 감정이 생기면 여러분은 다른 곳으로 주의를 돌린다. 이때 제6의 감각이 여러분의 의식에 도달한 것이다. 여러분 자신도 왜 이런 반응을 보이는지 설명하지 못한다. 주변 환경에서 오는 신호를 의식하지 않기 때문에 의식하지 못할 때가 종종 있는 것이다.

제6의 감각은 말 그대로 몸과 관련이 있다. 자연에 대한 제6의 감각은 아직 전혀 손상되지 않았다. 중요한 것은 훈련이다. 전측 대상회 피질은 기적을 일으킬 수 없다. 자신이 알고 있는 것을 평가할 뿐이다. 우리 뇌는 수많은 체험과 일상의 습관을 통해 어떤 숲의 소음, 바람의 강도, 땅의 구조가 위험할 수 있는지 알려준다.

숲에서 되도록 많은 시간을 보내다 보면 일상의 습관이 생기고 제6의 감각을 키울 수 있다. 혼자 숲을 산책해보라고 하면 무섭다고 말하는 사람이 많다. 그런데 혼자 길거리를 다니는 것이 혼자 숲길을 걷는 것보다 훨씬 덜 위험하다고 말할 수 있을까?

7

밤에 숲 산책을 하면 정말 위험할까?

영화 〈죠스Jaws〉를 본 적이 있는가? 나는 이 영화를 본 것을 두고두고 후회하고 있다. 이 영화를 본 후 바다에서 수영하는 것이 싫어져서다. 나는 상어가 생각만큼 위험하지 않다는 것을 알고 있다. 상어가 해변에 나타나 인간을 공격할 확률은 7억 3,800만 분의 1이다.[25] 게다가 상어의 공격을 받을 확률은 점점 낮아지고 있다. 그래도 나는 상어와 같은 물에서 수영하고 있다는 생각 때문에 겁부터 난다. 다른 사람들과 함께 물속에 들어갈 때는 그나마 괜찮지만, 수심이 1미터를 넘는 곳에는 들어갈 엄두도 못 낸다. 내 이성은 사실을 보라고 하지만 내 감정이 행동을 거부하고 있는 것이다.

〈죠스〉라는 영화가 나와 대형 포식 어류와의 관계에 영향을 끼쳤듯, 로비스트들과 미래에 대한 지나친 염려에 빠진 기관들이 전하는 미묘한 메시지들은 매일 인간과 다른 종의 생물들과의 관계를 왜곡하고 있다. 이런 인식을 개선하기 위해 무엇부터 시작해야 할까? 여우촌충의 예를 들어보겠다. 전문가들은 무릎 아래 높이에서 자라는 장과의 열매는 따자마자 먹지 말라고 경고한다. 이 위치에는 먼지처럼 미세한 여우촌충의 알들이 달라붙었을 수 있다는 것이다.

여우촌충에 감염된 여우가 여우촌충 알이 섞인 배설물을 배출한다. 쥐가 이 여우촌충의 알을 먹으면 내장 기관에 애벌레와 함께 수포가 생긴다. 쥐의 행동은 점점 느려지므로 여우에게 쉽게 잡힌다. 여우는 쥐를 먹고, 여우의 소화 기관으로 애벌레가 방출된다. 이렇게 한 주기가 끝난다. 쥐 대신 인간이 등장하면, 즉 인간이 여우촌충의 알을 삼키면 병에 걸리고 치료를 받아야 한다. 그런데 여우 똥을 먹거나 똥이 묻어 있는 여우를 쓰다듬는 사람이 어디에 있겠는가?

여우촌충의 주요 감염원은 전혀 다른 곳에 있다. 다름 아닌 우리가 사는 집이다. 고양이나 개와 같은 반려동물이 쥐를 잡아먹거나 정기적으로 구충제를 복용하지 않을 경우, 털을 통해 감염원인 여우촌충의 알이 사람에게 옮겨질 수 있다. 야생딸기는 그냥 따 먹어도 전혀 위험하지 않은 반면, 구충제를 복용하지 않은 동물은 위험할 수 있다.

이번에는 주제를 바꿔 멧돼지로 넘어가보자. 멧돼지도 원래 위험한 동물이 아니다. 다음 두 상황에서만 멧돼지가 위험한 동물로 돌변한다. 도심에서 길을 잃고 겁에 질려 사람이고 뭐고 할 것 없이 닥치는 대로 돌진할 때 또는 총에 맞아 중상을 입었을 때다. 사냥꾼이 사냥감인 멧돼지를 죽이려고 추격하면 사지에 몰린 멧돼지는 최후의 공격을 한다.

두 경우 모두 멧돼지는 산책자를 공격하지 않는다. 그럼에도 여전히 사람들에게는 동화에 나오는 어미 멧돼지와 새끼 멧돼지의 이미지가 고정관념으로 박혀 있다. 사람들은 이런 멧돼지 가족을 만나면 어미 멧돼지가 공격할 가능성이 높다고 하는데, 말도 안 되는 소리다. 첫째, 멧돼지는 소심해서 여러분이 자신의 존재를 알아차리기 전에 어딘가로 멀리 도망쳐버린다. 둘째, 대도시와 인근에 사는 멧돼지는 사람 말을 잘 듣기 때문에 사람을 공격하는 일은 절대로 없다. 그런데 사람들은 숲에서, 특히 혼자 길을 다닐 때 덤불 뒤에서 멧돼지가 사람을 공격할 위험이 있다고 한다. 이런 위험은 상상 속에서나 존재한다.

불안함과 알레르기 사이에는 눈에 띄는 유사점이 있다. 알레르기는 우리가 면역체계에 대한 대부분의 위험 요인을 제거했기 때문에 발생한다. 대개 항생제와 같은 의약품, 무엇보다 지나친 위생 관념이 우리 몸에서 바이러스나 박테리아 또는 벌레와 같은 미생물, 이른바 단백질 구조와의 싸움을 막아준다. 그럼에도 우리의 신체 체계는 끊임없는 방어 태세를 갖추고 있어야 한다. 우리 몸이 아무 반응을 보이지 않는 일이 잦아지면 관심은 다른 이물질로 이동한다. 예를 들어 초목의 화분*은 심한 알레르기 발작을 유발할 수 있다. 이 화분의 성분도 대부분 단백질이다. 알레르기 유발 가능성이 특히 높은 수종인 자작나무의 화분 농도는 시간이 지날수록 더 높아진다. 이런 현상이 발생하는 이유는 나무의사의 경고를 무시하고 도시 지역에서 자작나무를 계속 심기 때문이기도 하지만, 자작나무의 확산력이 유난히 높기 때문이다. 선구식물**인 자작나무는 휴경지에 가장 먼저 정착하는 식물 가운데 하나다. 게다가 독일 곳곳에는 휴경지가 있다. 철로 주변이나 공업 지대의 변두리 지역과 고속도로 나들목의 고립된 곳은 물론이고 금방이라도 무너질 듯한 주택과 지붕 위 등, 흙이 부족한 환경에서도 자작나무는 근근이 살아간다. 여기에 바람까지 자작나무에 힘을 실어준다. 바람은 미세한 가루인 화분이 수 킬로미터까지 확산될 수 있도록 돕는다.

* 花粉, 종자식물 수술의 화분낭 속에 들어 있는 꽃의 가루.

** 先驅植物, 맨땅에 침입해서 정착하여 천이遷移를 시작하는 식물.

예를 들어 잡초인 돼지풀*은 화분이 얼마나 멀리 날아갈 수 있는지 제대로 보여준다. 19세기 북아메리카에서 유입된 돼지풀은 심한 알레르기 반응을 유발하고 종종 해바라기씨앗 속에서 자란다. 따라서 새 모이를 구입할 때에는 돼지풀 성분을 제거했다는 표시가 있는지 반드시 확인해야 한다. 그렇지 않으면 해바라기 씨앗에 숨어 있던 돼지풀 화분 때문에 이듬해 봄 새집에서 돼지풀이 자라날 수 있다. 돼지풀은 특히 헝가리 등지에서 많이 서식하는데, 기상 상황에 따라 대량의 돼지풀 화분이 바람에 실려 독일까지 날아온다. 이런 경우에는 기상청에서 사전 경보를 발령한다.

나무의 화분도 초본식물의 화분만큼 멀리 날아갈 수 있다. 특히 여러 종의 나무가 꽃을 피우는 해에는 숲에서 엄청난 양의 화분이 날려서 마치 안개 커튼이 드리워진 듯한 자연경관이 연출된다. 바람을 이용한 화분의 원거리 이동은 나무의 동종 번식을 막아준다. 화분은 봄 하늘을 떠도는 지극히 정상적인 물질이다. 반면 화분에 대한 알레르기 반응은 새로운 현상에 가깝다. 우리 몸이 다른 위험 요인들을 잘 다루지 못해 원래 익숙하던 것을 선호하는 것일까?

* **Ambrosia**, 잎이 너무 쓰기 때문에 먹을 수 없다. 그런 까닭에서인지 역설적으로 '신을 위한 식량'이라는 뜻의 그리스어에서 속명 암브로시아가 유래했다. 암브로시아는 '신으로부터 허락받은 자들을 위한 식량'이라는 뜻이다.

이것은 정신과 어떤 관련이 있을까? 인간의 정신세계에서도 알레르기와 비슷한 현상을 관찰할 수 있다.

아득히 먼 옛날부터 19세기까지 숲 산책은 위험한 일이었다. 맹수보다는 인간이 더 위험한 존재였다. 1870년대에 내 고향 아이펠의 보도자료에 의하면, 숲 연결로에 강도 패거리들이 잠복하고 있다가 부유한 쾰른에서 굶주린 백성에게 보내는 식료품 배달마차를 습격했다고 한다.

늑대처럼 '가축을 공격하고 직접적으로 생명의 위협을 느끼게 하는 동물'로 간주되는 동물도 있었다. 우유를 제공하고 우리를 대신해 짐을 실어 나르는 역용동물役用動物 없이 인간이 어떻게 생존할 수 있었겠는가? 당시 맹수가 인간을 직접 공격한 사례는 자주 보고되지 않았다. 우리에게 이러한 정형화된 이미지가 남게 된 것은 동화 때문이다.

그렇다면 지금은 어떠한가? 옛날에 비하면 숲은 매우 안전한 장소가 되었다. 이제 숲에는 강도 패거리도 없고 (일반 가정에서 키우는 개나 목초지를 지날 때 드문드문 보이는 소를 제외하면) 동물로부터 공격받는 일도 상상하기 어렵다. 독사는 곤충처럼 '품귀 상품'이 되고 말았다. 인간이 두려워할 대상은 이제 어디에도 없다. 그럼에도 많은 사람이 혼자 숲을 걸을 때 두려움을 느낀다.

여러분도 숲 산책을 한번 시도해보길 바란다. 낮에 혼자 숲에 있을 때 전혀 무섭지 않다면 밤에 혼자 숲 산책을 해보는 건 어떨까? 어둠 속에서는 우리의 본능이 거리낌 없이 발동하므로 우리의 이성이 전혀 위험하지 않은 상황이라고 아무리 강조해도 말을 듣지 않는다. 솔직히 고백하면 나도 혼자 숲을 걸을 때 희미한 두려움이 서서히 몰려들 때가 있다. 다행히 나는 수백 번도 더 혼자 숲길을 다녀봤기 때문에 두려움에 사로잡히지 않는다.

알레르기 반응이 일어나면 감각을 무디게 하려 노력해보자. 밤에 숲을 산책하다 보면 두려움이 사라지고 낮에 잠시 찾아왔던 모든 감각을 훈련할 수 있다.

8

다른 동물과의 비교가 무의미한 이유

나는 앞에서 인간의 지각 능력이 절대 퇴화하지 않았다는 사실을 입증해 보였다. 인간의 감각은 결코 다른 동물의 감각에 뒤지지 않는다. 다른 동물도 마찬가지지만 감각은 우리의 필요에 맞춰 특화되었을 뿐이다. 이런 관점으로 본다면 인간은 지극히 평범한 동물이다. 우리는 왜 감각이 떨어진다고 스스로 깎아내리고, 단지 몇 가지 측면만 우월한 다른 동물들과 비교하려 들까?

이런 사고에는 지구의 통치자가 되지 않겠다는 자연애호가들의 깊은 갈망이 숨어 있다. 우리는 매일 환경 파괴에 관한 소식과 기후변화에 대한 종말론적 보고를 접한다. 이런 관점은 우리로 하여금 인간이 다른 생물에 비해 월등히 우월한 존재이므로 생태계에서 우리와 함께 살아가는 생물들과의 유대감, 즉 연결 관계가 끊어질 수밖에 없다고 믿게 한다. 이것이 가슴 아픈 이유는 단지 자연에 끼치는 영향 때문만은 아니다.

이것이 사실이라면, 우리는 미련하고 무기력한 존재들이 살고 있는 지구에서 유일하게 합리적인 존재다. 미련하고 무기력한 존재 중에는 우리 주변에서 볼 수 있는 존재들도 있다. 개와 고양이, 새와 청설모, 나비와 파리는 인간보다 영리하지 못한 생물로 여겨지고 억압받거나 멸종 위기에 처하기도 한다. 이런 이미지가 차별을 양산한다.

물론 특정 감각에 대한 지각 능력이 특히 더 발달한 생물이 있다. 예를 들어 주로 주행성 맹금류인 수리목류는 인간보다 시력이 4배나 뛰어나서 수 킬로미터 높이에서도 쥐를 알아볼 수 있다. 독수리나 매 등 몇몇 조류의 눈에는 일종의 망원경이 장착되어 있어서 시야의 일부만 확대해 원거리 물체를 더 정확히 보는 것이 가능하다.[26]

한편 상어는 후각이 탁월하다. 상어는 100억 분의 1로 희석한 물고기의 피 냄새를 맡을 수 있지만 인간의 피 냄새는 맡지 못한다. 그럼에도 상어는 온갖 악의적 소문에 시달린다. 인간은 상어의 먹이 스펙트럼에 포함되지 않아서 대개 상어의 관심 대상에서 아예 제외되어 있다.

모든 종에게는 특별히 발달한 능력이 있다. 모든 생물은 고유의 생태학적 공간에서 생존하는 데 필요한 능력을 발달시킨다. 우리의 비교 대상으로 맨 처음 등장했던 개의 경우를 살펴보자. 개는 먹잇감을 포착하기 위해 조상인 늑대로부터 뛰어난 후각을 물려받았다. 반면 개에게는 우리처럼 섬세한 시각과 미각이 필요 없다. 그래서 개는 우리보다 시각과 미각이 상대적으로 덜 발달한 반면 청각은 훨씬 발달했다. 우리와 마찬가지로 개의 감각은 자신의 생활환경에 완벽하게 맞춰져 있다. 따라서 서로 다른 종끼리 비교하는 것은 무의미한 일이다. 더 나은 것도 더 나쁜 것도 아니기 때문이다.

우리의 감각은 수천 년 전 조상들만큼이나 완벽하게 작동하고 주변 환경을 세심하게 지각한다. 여기에서 주변 환경은 책상 · 소파 · 패스트푸드 레스토랑뿐만 아니라 숲과 사바나 등을 일컫는다. 적어도 지금까지는 그래 왔다. 우리는 숲과 사바나 환경에도 완벽하게 무장되어 있어서 (몇 주 훈련을 받으면) 언제든 야생의 생물들과 잘 어울릴 수 있다.

여전히 우리는 탁월한 감각 기관으로 무장한 거대한 공동체의 일원이다. 감각 기관 덕분에 원래의 생활 영역을 완벽하게 이해하고 마음껏 즐길 수 있다. 우리가 모든 감각을 동원해 다른 생물을 온전히 느낄 수 있어야 서로 공감하고 배려할 수 있다. 우리와 자연을 이어주는 띠는 아직 끊어지지 않았고, 한 번도 끊어진 적이 없었다. 우리가 잠시 이것을 무시하고 살아왔을 뿐이다. 자연을 지배하는 것이 아닌, 자연에 소속되어 있다는 느낌은 환경보호 조치를 전혀 다른 방향으로 향하게 할 것이다.

자연보호는 밖으로 나가야만 할 수 있는 일이 아니다. 멸종 위기의 딱정벌레나 조류를 보호하기 위한 노력이 하찮아 보여도 포기해서는 안 된다. 지구 생태계를 보호하는 데 도움이 되는 모든 조치는 우리 삶의 질을 높여준다. 우리는 바로 이러한 생태계의 일부이기 때문이다. 자연보호는 결국 우리를 보호하기 위한 최선의 조치다.

9

가까이에서 나무를 느끼다

우리는 왜 코끼리에게 하듯 나무와 소통할 수 없을까? 코끼리와 나무 사이에는 공통점이 많다. 무리를 지어 살고, 자녀뿐 아니라 어른도 돌본다. 옛말에 코끼리는 한 번 들은 것은 절대 잊어버리지 않는다고 한다. 그런데 나무도 코끼리만큼 기억력이 뛰어나다. 처음에는 이 말이 무슨 뜻인지 이해되지 않을 것이다. 나무는 주로 뿌리 네트워크를 통해, 코끼리는 발을 이용해 인간이 들을 수 없는 불가청不可聽 영역의 소리로 수 킬로미터까지 소통할 수 있다.

코끼리나 나무와 소통하다 보면 놀라움과 동경을 경험하게 된다. 자연 상태 그대로인 두 피조물의 피부를 만질 때 평안함을 느낀다. 이때 반응이 나타나면 훨씬 더 좋다. 바로 이 부분에서 코끼리와 나무의 차이가 있다. 코끼리는 자신이 무엇을 좋아하는지 표현할 줄 알고, 코를 이용해 가까운 관계임을 표현한다. 많은 자연애호가가 나무와도 이렇게 소통할 수 있길 바란다. 이때 보수적 과학 교육을 받은 작은 남자가 내 안에서 외친다. "아니야! 이건 완전히 난해한 사고야." 한편 내 안에는 호기심이 많은 또 다른 자아가 있다. 나는 양자물리학 등 지금까지 자연과학 영역이 행한 모든 행적을 살펴본다. 그러다 보면 모든 것을 더 상세히 살펴보고 싶어진다. 이것이 불가능하다는 생각이 들어 멈추기 전까지는 계속 그렇다. 나무와 관련하여 무언가 발견하면 때때로 나는 내 안의 작은 남자가 침묵하도록 내버려둔다.

인간은 나무와 소통할 수 있을까? 이 질문에 답하려면 먼저 '소통'이라는 개념을 상세히 살펴볼 필요가 있다. 소통에는 서로 정보를 교환한다는 뜻이 포함되어 있다. 나무의 경우 우리는 의식적 또는 무의식적으로 코를 이용한 향기 커뮤니케이션으로 어느 정도 소통이 가능하고 심지어 신체 반응도 나타난다. 하지만 이것만으로는 충분하지 않다. 예전에 나는 이런 것이 절대 가능하지 않다고 생각했다.

나의 성향은 종교적이지도, 신비주의적이지도 않다. 나만의 독특한 성향은 일요일마다 의무적으로 예배를 드려야 했던 어린 시절의 영향에서 비롯된 것인지도 모른다. 나는 주일 설교와 매번 똑같은 절차로 진행되는 예배 의식이 단조롭고 지루했다. 시선을 천장의 샹들리에에 두고 눈을 질끈 감고 있는 등 독특한 놀이를 하며 예배 시간을 보냈다. 그럴 때마다 천장에서 만화경과 같은 빛 반사 현상이 일어났다. 부모님이 이런 걸 보여주려고 나를 교회에 데려간 것은 아니었지만 말이다. 중고등학교에 다닐 때 나는 과학과 관련된 지식은 닥치는 대로 받아들였다. 당시에는 과학적인 것이 세상을 이해하는 데 유일하게 논리적인 것처럼 보였다. 물론 나는 과학적 사실이 자연의 과정에 관한 설명 중 가장 진실성이 높다는 것을 알고 있다. 그러나 이제 이러한 가치관을 바꾸는 것이 내 일상이 되었고 많은 관점을 상대화하고 있다.

나는 종종 더 높은 존재에 대한 믿음이 생기길 바란다. 이런 능력이 감정을 충만하게 해주고 진정시킨다고 느끼기 때문이다. 나 혼자서는 할 수 없는 일이다. 그래서 나는 환상처럼 들리는 비전문가들의 연구 결과에 대해서는 약간 회의적인 입장을 취한다. 이런 나의 관점이 나무의 감정과 언어에 대한 글을 쓰는 이들에게는 이상하게 비칠 것이다. 어쨌든 이것은 보수 학계에서 내린 합의다.

현대 과학이라는 도구를 이용해 다시 한번 나무의 커뮤니케이션을 살펴보자. 나무는 화합물을 발산하고, 우리의 잠재의식은 이 화합물을 인식하여 혈압의 변화로 응답한다. 반면 나무는 우리의 응답을 인식하지 못한다. 이렇게 따지면 우리는 나무와 소통할 수 없다. 여러분이 나무를 껴안고 상호 영향을 끼칠 만한 전기장을 통해 대화할 수 있다고 할지라도 말이다. 식물 또한 도약전도*를 할 때 부분적으로 전기 반응을 보인다. 그럼에도 여전히 시간이라는 큰 장애물이 있다. 잘 알려져 있다시피 나무의 시간은 매우 느리다. 여러분이 행동하는 시간에 1만이라는 숫자를 곱하면 언제 나무로부터 응답을 받을지 알 수 있다.

초당 최대 1센티미터의 전기 신호가 흐른다고 가정하고 여러분이 나무를 껴안고 있을 때 전기자극이 빨리 처리되면 그 자리에서 즉시 답을 받을 수도 있다. 물론 우리는 이것을 알 수 없다. 나뭇잎의 물 소비와 같은 일은 뿌리에서 통제한다. 물 소비량은 수관에서 뿌리까지 그리고 뿌리에서 다시 수관까지 수종에 따라 차이가 크다. 지금 우리는 나무라는 존재에 대해 근본적인 질문을 하고 있다. 나무는 기억을 저장하고, 공격에 반응하고, 자신의 자녀들에게 당액과 심지어 기억까지도 전달한다. 이런 능력이 있는 것으로 보아 식물에도 뇌가 있다고 생각할 수밖에 없다. 아쉽게도 이와 관련해 아직 학문적으로 입증된 것은 없다. 나무줄기의 많은 부분처럼 나무의 많은 구성 요소는 더 이상 아무 활동을 하

* 跳躍傳導, 신경흥분 속도가 빠르며 에너지 소모가 적은 말이집 신경 섬유의 전도 현상.

지 않는다. 바깥 부분에 있는 나이테를 제외하면 나무 내부의 활동은 멈춰 있다. 죽어 있는 것이나 다름없는 상태다. 건축 자재로 사용되는 목재를 보면 알 수 있듯이 나무에서는 더 이상 아무 활동도 일어나지 않는다. 몇몇 순수한 물리적 반응을 제외하면 말이다. 예를 들어 일종의 침투 현상을 통해 나무에 저장되어 있는 타닌 성분은 균류의 번식을 막아주는 역할을 한다. 또한 나무에 수분이 침투하거나 나무가 건조해지면 팽창 또는 수축 현상이 일어난다.

나무 바깥 부분의 나이테에는 나무에 물을 공급해주는 선이 있는데, 이 부분은 특히 습하고 심지어 물기로 흠뻑 젖어 있을 때도 있다. 이런 환경의 부수적인 장점은 대부분의 균류가 번식할 수 없다는 것이다. 균류는 기본적으로 습한 환경을 좋아하지만 (몇몇 예외를 제외하면) 수분이 너무 많으면 죽는다. 하지만 나무의 생존을 위태롭게 하는 균류가 많기 때문에, 나무 입장에서는 나무줄기 바깥쪽에 자신을 공격하는 생물들로부터 보호해주는 구역이 있는 것이 실용적이다. 이쯤 하고 뇌에 관한 이야기로 돌아가겠다. 나무줄기 바깥 부분의 세포는 목질화*되어 있다. 따라서 이 부분에서 중요한 정보가 처리된다는 추측은 버려도 좋다.

* 木質化. 식물의 세포벽에 리그닌이 축적되어 단단한 목질을 이루는 현상.

이 맥락을 다룰 때 나는 항상 의도적으로 '뇌'라는 개념을 사용한다. 의식이 존재해야 질적 수준이 높은 커뮤니케이션이 가능하다고 믿기 때문이다. 그렇지 않다면 모든 컴퓨터가 훌륭한 커뮤니케이터가 되어 있을 것이다. 이제 저렴한 전자 기기도 여러분의 전기자극에 응답을 보낼 수 있는 수준이 되었다. 이런 상황에서 식물에도 의식이 존재하는지 질문을 던져보지 않을 수 없다. 최근 독일 본대학교 프란티섹 발루스카Frantisek Baluska 교수가 이 질문의 답을 찾기 위해 연구를 진행했다. 그는 오래전부터 식물에도 지능이 있다고 주장해왔다. 하지만 정보를 처리하고 결정을 내리는 우리의 기능 및 의식과는 큰 차이가 있다. 어쨌든 식물에도 이런 체계가 존재한다는 것을 입증하려면 먼저 식물을 대하는 우리의 태도가 완전히 바뀌어야 한다. 물론 우리는 대량 가축 사육처럼 전통적 농경 체제에 대해서도 유사한 문제를 겪게 될 것이다.

프란티섹 발루스카 교수는 이탈리아 피렌체대학교 스테파노 만쿠소Stefano Mancuso 교수를 포함한 국제 연구팀과 공동으로 이 질문의 답을 찾기 위한 연구를 실시했다. 발루스카 공동 연구팀은 파리지옥*처럼 잎을 움직일 수 있는 풀에 마취제를 투여했다. 이런 식물들은 개폐식 뚜껑 메커니즘을 이용해 먹잇감을 잡는다. 곤충

* **Dionaea muscipula**, 끈끈이주걱과에 속한 여러해살이풀. 벌레잡이 식물의 하나로 잎면에 많은 샘이 있어 벌레들을 유혹하고 개미, 파리 등이 닿으면 잎을 급히 닫아서 잡아먹는다.

이 파리지옥 잎에 달린 자극털에 닿자마자 순식간에 잎이 닫히면서 소화액이 분비되어 먹잇감이 분해된다. 인간에게도 사용되는 이 마취제는 식물의 전기 활동을 마비시키기 때문에 파리지옥은 더 이상 자극에 반응할 수 없다. 마취된 완두도 비슷한 행동을 보인다. 평상시에 완두는 덩굴을 이용해 천천히 주변 환경을 더듬으며 무언가를 찾는다. 반면 마취된 완두는 동작을 멈추고 덩굴은 나선형으로 비틀어져 있었다. 마취제 성분이 제거된 후 식물은 정상적으로 활동하기 시작했다.[27]

식물이 마취에서 깨어났을 때 전신 마취 후와 같은 상태였을까? 마취에서 깨어나려면 의식이 존재해야 한다. 그래서 이것은 중요한 질문이다. 〈뉴욕타임스〉 기자가 발루스카 교수에게 바로 이 질문을 했다. 당시 발루스카 교수는 재치 있게 답했다. "당신의 질문에는 아무도 답할 수 없습니다. 당신이 식물에게 질문할 수 없기 때문이지요."

그럼에도 나에게 이 문제는 아직 끝나지 않았다. 이 문제를 더 깊이 파헤치기 위해 나는 본대학교로 발루스카 교수를 직접 찾아갔다.

여기에서 잠시 인간과 나무의 공통적인 역사를 살펴보도록 하자.

인간과 나무의 상호 커뮤니케이션에 관한 질문은 발달사적 관점에서 살펴볼 수 있다. 그러니까 인간과 나무는 얼마나 오랜 세월 같은 길을 걸어왔으며 서로에게 얼마나 많이 적응해왔는가? 먼저 나무부터 시작하자. 최초의 나무는 지금으로부터 3억 8천만 년 전 조류*, 이끼류(선태류), 잡초 위에서 자랐다. 다른 나무들과의 경쟁을 피할 수 있기 때문이다. 잎을 가진 식물은 다른 식물보다 위에서 자랄 수 있으므로 햇빛을 차지하기 위한 경쟁에서 이길 수 있다. 이런 상황이므로 나무 입장에서는 거대한 나무줄기를 만들어, 나뭇가지가 다른 식물보다 높은 위치에 달리도록 하는 것이 유리하지 않겠는가?

이 발명은 한 종에만 국한되지 않았다. 이후 수백만 년 동안 거대한 숲이 형성되었고 함께 살아가는 인간에게 예상치 못했던 영향을 끼쳤다. 나무는 엄청난 양의 이산화탄소를 흡수했지만 이산화탄소는 나무 안에만 머물러 있지 않았다. 나무가 죽으면 늪으로 가라앉으면서 서서히 석탄이 형성되었다. 이 과정에서 많은 양의 이산화탄소가 공기 중으로 빠져나가는 대신 그만큼 많은 양의 산소가 채워졌다. 이것은 곤충들이 몸집을 키우기에 최적의 조건이었다. 곤충의 크기에는 호흡 방식이 반영되었다. 산소는 혈관과 펌프(심장)를 이용한 혈액 순환이 아니라, 작은 관을 통해 세포로 직접 전달되었다. 이러한 도관 요소**는 길이가 점점 길어

* 藻類, 하등 은화식물의 한 무리. 물속에 살면서 엽록소로 동화 작용을 한다. 뿌리, 줄기, 잎이 구분되지 않고 포자에 의해 번식하며 꽃이 피지 않는다.

** 導管要素, 상하로 연결된 도관을 이루는 원통형 세포를 이른다.

지면서 효과를 잃기 때문에, 큰 곤충의 경우 도관의 끝부분에는 산소가 아주 조금밖에 도달하지 않는다. 산소 함량을 기준으로 계산하면 곤충의 최대 크기는 17센티미터로 제한된다. 현재 이것보다 더 큰 곤충은 존재할 수 없다.[28] 반면 지금으로부터 약 3억 년 전 나무는 현재 수준보다 훨씬 많은 양의 산소를 생산했다. 옛날에는 21퍼센트가 아닌 35퍼센트의 산소를 생산했다. 지금보다 곤충은 훨씬 컸을 것이고 몸집에 맞게 행동했을 것이다. 하늘에는 날개 너비가 70센티미터가 넘는 잠자리들이 질주하고, 땅에는 길이가 2미터인 다족류*가 나뭇잎 사이를 기어 다녔다.

이것은 동물 세계가 나무 또는 나무의 신진대사 과정에 어떻게 적응해왔는지 볼 수 있는 좋은 예다. 여기에 덧붙여 설명할 것이 있다. 나무도 호흡하려면 산소가 필요하고 산소를 소비한다. 우리와 마찬가지로 나무도 생명 활동에 필요한 에너지를 얻기 위해 세포에서 당을 연소시킨다. 나무는 광합성을 통해 나뭇잎에서 산소를 생산하고 이산화탄소와 결합하지만, 산소가 없으면 아무것도 할 수 없다. 실제로 이산화탄소 결합과 당 연소의 연관성은 아주 적다. 겨울은 특히 이 현상을 관찰하기 좋은 계절이다. 불곰들

* 多足類, 절지동물문에 속한 지네강과 노래기강을 통틀어 이르는 말. 대개 머리에 한 쌍의 촉각이 있고, 몸통은 여러 개의 마디로 되어 있으며 길쭉하다. 몸의 체절마다 한두 쌍의 발이 붙어 있다. 지네, 노래기, 그리마 따위가 이에 속한다.

이 비축해둔 지방층으로 겨울나기를 하듯, 겨울에 나무는 여름에 모아 저장해놓은 당을 연소시키며 생명을 유지한다. 나무와 곰은 수면 중에 호흡하면서 산소를 들이쉬고 축적했던 이산화탄소를 내뿜는다. 이 시기에 너도밤나무, 참나무 등의 나무는 녹색 나뭇잎이 부족하기 때문에 절대 산소 과잉 상태에 이를 수 없다.

이쯤 하고 과거로 돌아가자.

산소 함량이 줄어든 지 오래되었고 곤충의 크기도 현재의 수준으로 작아졌다. 이때 인간이 나타났다. 인간은 불을 다루는 법을 상당히 빨리 배웠고, 불을 피우려면 나무가 필요했다. 이때 처음 인간과 나무는 중대한 만남을 가졌다. 정확하게 그 시기가 언제인지는 아직 밝혀지지 않았다. 언제부터 우리가 우리의 조상을 인간이라 칭했는지도 아직 모른다. 현생인류, 즉 호모 사피엔스가 최초로 등장한 시기는 2017년에 새로 산출되었다. 지금까지 20만 년 전에 인간이 이 지구상에 나타나 활동하기 시작했다고 믿어왔으며, 이것은 누구도 뒤집을 수 없는 정설로 여겨졌다. 그런데 2017년 학자들이 모로코에서 이보다 더 훨씬 오래된 유물을 발견했다. 모로코 제벨 이르후드Jebel Irhoud 동굴에서 발굴된 뼈와 부싯돌은 최소 30만 년 전의 것으로 추정되며 틀림없는 현생인류의 것이었다.[29] 나에게 이것은 학문적 확신이 하룻밤 사이에 뒤집힐 수 있음을 보여주는 좋은 사례였다.

사람속Homo屬, 즉 인간은 지금으로부터 200만~300만 년 전 역사의 무대에 처음 등장했다. 이 시기, 아니 이전부터 인간은 적응을 기대해왔을까? 달리 적절한 표현이 없으니 이 시기 사람들을 조상이라고 하겠다. 어쨌든 우리는 조상으로부터 물려받은 유전적 유산과 능력을 지금도 갖고 있다. 지난 300만 년 전만 봐도 알 수 있지 않은가! 광대한 역사에 비하면 찰나에 불과한 시간이지만, 인간이 존재하는 환경에 나무가 적응하기 충분했을까? 실제 커뮤니케이션, 적어도 일종의 상호작용을 위해 우리만 나무에 맞춰야 했던 것은 아닐 것이다. 유감스럽게도 이를 입증할 만한 증거가 없다. 최근 나무는 인간의 행위로 변화를 겪었지만, 이것은 커뮤니케이션과는 별로 관련이 없다. 일종의 느린 속도의 진화, 즉 자연 선택 메커니즘을 이용해 가장 주목받을 수 있는 나무 형태를 만들어 재배하려는 행위가 바로 그것이다.

반면 야생 식물은 인간이 있는 환경에도 잘 적응한다. 학문적으로도 이미 입증되었다. 난초과 식물인 아메리카 제비난초속Pla-tanthera은 날씨가 더 추운 북부 지역의 숲에서 서식하고, 아종亞種은 스칸디나비아와 러시아에서도 나타난다. 제비난초는 흰 꽃을 피우기 위해 꽃가루 매개자를 찾는다. 늪지가 많은 독일 북부에는 벌이 많이 몰려들지 않는다. 반면 모기떼가 기승을 부려 휴가객들이 괴로워한다. 이런 곤충들은 꽃을 좋아하는 대신, 피를 빨아

먹으면서 사람들을 성가시게 구는 존재다.

이때 제비난초가 꽃을 피우기 시작한다. 그리고 인간의 냄새를 모방해 모기에게 식사 시간이라는 신호를 보낸다. 희생양을 찾기 위해 모기들은 제비난초 꽃에 접촉하고, 자신의 의도와 상관없이 수분受粉한다. 모기에게 아무 성과가 없는 것은 아니다. 그사이 암컷 모기는 피를 빨아 먹지 않고, 꽃꿀을 빨아먹으면서 탄수화물 섭취를 좋아하게 되었기 때문이다.[30]

10

태초에 불이 있었으니

불은 인간과 나무의 관계를 이어줄 수 있는 또 다른 기회다. 불이라니? 이번 장의 주제에서 나뭇조각을 통해 '동물과의 교제'를 추론하려는 뉘앙스가 느껴질지도 모른다. 장작은 태우기 위해 잘게 자른 '나무의 뼈'나 다름없다. 그럼에도 불은 어떤 형태이든 간에 목재를 (더불어 나무를) 다루는 법이 유전적으로 정해져 있지 않다는 사실을 입증하기에 좋은 소재다. 이를 입증할 만한 확실한 증거가 있다.

혹시 무엇인지 알고 있는가? 친구 집에 초대를 받아 가면 정원에 불이 피워져 있고, 모두가 불 주위에 오순도순 둘러앉아 타오르는 불빛을 바라본다. 저녁 날씨가 굳이 불을 피울 만큼 춥지 않은 여름에도 그렇게 한다. 왜 그렇게 할까? 분위기가 낭만적이라든지, 장작이 바스락거리며 타는 소리와 타오르는 불빛의 모습을 좋아한다든지 등 몇 가지 이유를 댈 수 있다. 우리는 이미 감정의 영역 안에 있고, 감정은 본능의 언어다. 이 말은 곧 우리가 잠재의식적으로 이미 캠프파이어에 매료되어 있다는 뜻이다. 이제 한 가지 질문이 남는다. 그렇다면 우리의 긍정적인 감정은 습득한 것과 경험한 것 중 무엇을 바탕으로 할까?

인간과 숲과 나무의 관계를 조명하고 싶다면 먼저 불에 대해 살펴볼 필요가 있다. 불은 우리의 운명이 나무와 떼려야 뗄 수 없는 관계에 있다는 것을 명확하게 알려주기 때문이다.

불은 인간의 노력으로 얻은 중요한 성과물이다. 활활 타오르는 불꽃이 없었다면 우리 뇌는 현재의 크기로 발달할 수 없었을 것이다. 인간은 음식을 조리해 먹기 시작하면서 과일과 고기를 쉽게 소화할 수 있었다. 즉 음식은 인간에게 더 많은 에너지를 제공했다. 날카로운 송곳니도 없고 체력도 부족해 맹수에게 저항할 수 없었던 인간이 불을 사용하기 시작하면서 상황이 완전히 달라졌다. 모든 동물이 불을 무서워했기 때문이다. 우리 조상들이 불을 사용하지 않았더라면 인간의 승승장구는 아프리카 대륙에서 끝났을 것이다. 불이 없었더라면 광활한 시베리아의 차디찬 겨울밤을 무엇으로 녹였겠는가?

하지만 인간이 유일하게 불을 사용하는 동물은 아니다. 조류 중 수리도 불을 사용할 수 있다. 포식자는 불에 마법처럼 끌려간다. 밝은 빛이 비치면 피식자는 더는 몸을 숨길 수 없고, 포식자의 공격에 상처를 입기도 하며, 멀리 도망치기 힘들어진다. 물론 우리와 달리 수리는 불을 수동적으로만 사용할 수 있다. 절대 우리처럼 직접 불을 피워 사용하지 못한다. 우리와 가까운 유연관계*에 있는 침팬지도 불을 피울 줄 모를 뿐더러 매우 무서워했다. 불을 다루는 능력은 인간과 다른 종을 구분할 때 매우 유용하게 활용된다.

인간이 처음 불을 다루는 법을 알고 사용한 시기는 아직 정확하게 밝혀지지 않았다. 남아프리카의 원더워크 동굴Wonderwerk Cave에서 발굴된 유물은 지금으로부터 약 170만 년 전의 것으로, 여기에는 인간이 불 주변에 둘러앉고 직접 불을 붙여 사용한 흔적이 뚜렷하게 남아 있다.[31] 학계에서는 심지어 지금으로부터 400만 년 전 인간이 처음 불을 피워 사용하기 시작했다는 논쟁도 벌이고 있다. 어쨌든 인간이 아주 오래전부터 나무를 태울 때 생성되는 열을 이용했던 것만은 확실하다.

이제 장면을 바꿔보자. 나는 오스트리아 출신 여배우 바바라 부

* 類緣關係. 생물의 분류에서 발생 계통 가운데 어느 정도 가까운가를 나타내는 관계.

쇼프Barbara Wussow, 기상학자 스벤 플뢰거Sven Plöger와 함께 캠프파이어 앞에 앉아 있었다. 당시 내가 진행하던 프로그램을 촬영하기 위해서였다. 가뭄이 심했던 2018년 여름은 불시에 산불이 발생할 위험이 있어서 불을 크게 피울 수 없었다. 이 프로그램에서 나는 매회 명사 두 명을 초대하여 푸른 하늘이나 나무 아래에서 밤을 지새운다. 불은 계속 약하게 지펴졌고, 열보다는 연기가 더 많이 났다. 우리는 요리를 하려고 불 가까이 다가갔다. 나는 한 손으로는 손잡이를 잡고, 다른 한 손으로는 음식을 저었다. 당연히 내 옷에는 연기가 스며들었고, 연기도 꽤 많이 들이마셨다. 문득 인간이 연기와 연기가 스며드는 것에 친근함을 느끼는 것이 아주 먼 옛날부터 시작되지 않았을까 하는 생각이 들었다. 인간이라는 종이 100만 년 전부터 매일 이 연기를 맡고 살아왔다면, 동굴과 이후 작은 농가에서 화덕을 사용할 때 실내로 유입되는 공기가 부족해 연기가 더 심해졌다면, 불을 피울 때 나는 연기는 인간이 본능적으로 안락함을 느끼는 환경이 아니었을까? 여기에서 오해하지 않길 바란다. 연기를 흡입하고 몇 분 동안 기침하는 것을 좋아하는 사람은 없다. 물론 우리의 생활환경은 지난 수천 년 동안 우리의 유전자에 표현되어왔다. 본능적으로 우리가 불에 매력을 느끼는 것이 게놈에 기록되어 있다면, 나무가 탈 때 나는 연기에 대해서 그렇지 않은 이유는 무엇일까?

테스트를 한번 해보자. 나무가 타는 냄새나 나무에 그을린 냄새

(지난번 캠프파이어를 할 때 입은 옷이어도 좋다)가 편하게 느껴질 것이다. 적어도 이 냄새는 머리가 탄 냄새나, 심하게 탄 플라스틱 냄새보다는 낫다. 불에 탄 머리카락 냄새가 나면 본능적으로 몸에서 경고를 울린다. 실수로 머리카락이 불에 닿았을 수도 있어서다. 반면 플라스틱을 비롯한 기타 인공 물질은 새로운 것이어서, 우리의 무의식에 존재하는 레퍼토리에 존재하지 않을 수 있다. 간단히 말해, 나무가 탈 때 나는 연기는 대부분의 사람이 편하다고 느낄 수 있지만, 이외 물질이 타는 냄새에 대해서는 사람들이 항상 편하게 느끼지 않는다.

우리가 연기를 맛있는 냄새로 느끼는 것, 심지어 불 자체에 매력을 느끼는 것이 유전자에 기록되어 있는지는 아직 학문적으로 입증되지 않았다. 하지만 우리의 유전자에 이러한 변화가 나타났음을 암시하는 증거가 있다. 펜실베이니아주립대학교 개리 퍼듀Gary Perdew 연구팀은 네안데르탈인, 네안데르탈인과 유사한 데니소바인, 현대인의 유전자를 비교 연구했다. 연구팀은 세 유전자가 불을 다루는 능력에서 큰 차이가 있다는 사실을 확인했다. 연기에는 다환방향족탄화수소*와 같은 발암 물질이 포함되어 있다. 다환방향족탄화수소는 물질의 불완전연소로 생성되며 신체에서

* PAH, polycyclic aromatic hydrocarbon. 2개 또는 그 이상의 방향족 고리로 연결되어 있는 유기화합물. PAH는 많은 부류의 화합물로 이루어졌으며 개별물질이 불완전연소나 유기물의 열분해로 발생된다. 인체나 환경에 중대한 오염원 중 하나다.

부분적으로 다른 유해물질로 분해된다. 인간은 150만 년 전부터 지금까지 다환방향족탄화수소에 노출되어왔던 것이다.

캠프파이어의 연기는 아닐지라도 여러분은 이러한 유해물질을 지금도 끊임없이 흡입하고 있다. 우리에게 친숙한 벽난로 굴뚝에서 이런 유해물질이 다량 배출된다. 독일에는 약 1,200만 개의 난로와 펠릿* 난방 시설에 벌목된 나무의 50퍼센트 이상이 사용되고 있다. 인류 역사상 이렇게 많은 '캠프파이어'가 있었던 적이 없다. 연기가 진화에 영향을 끼치는 요소인 셈이다. 연기는 예나 지금이나 인간의 수명을 단축하는 요인 가운데 하나이며 수천 년 이상 유전자에 그 흔적을 남겨왔다. 퍼듀 연구진은 현대인 · 네안데르탈인 · 데니소바인의 유전자 절편에서 차이점을 확인했다. 소위 AHR 유전자다. AHR 유전자는 주변 환경의 화학물질, 특히 연기에 포함된 물질이 인체에 영향을 끼치는 것을 막아준다. 분자의 종류에 따라 현생인류에게 독성 물질이 끼치는 위험성은 1천 배 감소한다.

네안데르탈인의 경우는 어땠을까? 네안데르탈인의 뇌는 음식이 주는 혜택을 누렸다. 불에 익힌 음식은 잘 분해되어 소화가 잘 되기 때문이었다. 심지어 현생인류보다 뇌의 크기가 더 큰 네안데르탈인도 있었다. 네안데르탈인은 연기가 자욱한 주거지 환경

* **pellet**, 유기물질을 작은 막대 모양으로 압축해 만든 바이오 연료. 산업 폐기물 · 음식 폐기물 · 에너지 작물 · 작물 잔해 · 생목재 등으로 만들 수 있다.

때문에 호모 사피엔스만큼 오래 살지 못했는지도 모른다. 학자들은 네안데르탈인이 어느 날 갑자기 멸종한 것도 연기와 관련이 있을 것이라 추측하고 있다. 하지만 원시인들이 불과 연기를 다루는 또 다른 메커니즘을 개발했을 가능성도 있다.[32]

개인적으로, 이것이 네안데르탈인이 멸종한 이유라기보다는 네안데르탈인에 대해 정확한 연구가 이뤄지지 않은 것과 관련 있는 문제라고 생각한다. 어쨌든 우리에게도 네안데르탈인의 유전자가 남아 있기 때문에 네안데르탈인이 멸종된 것이 아니라, 네안데르탈인의 유전자가 현대인에게 흡수되어 사라진 것처럼 보일 가능성도 있다. 이 질문은 이 연구 결과를 통해 불 · 목재 · 나무의 흔적이 우리의 유전자에 어느 정도 남아 있는지 확인하려는 쪽에 가깝다. 지금도 우리는 연기에 민감한 반응을 보인다. 이 현상은 담배 연기가 나무를 태울 때 발생하는 연기보다 건강에 훨씬 해롭다고 볼 수 없음을 설명하는 유일한 예다.

인간과 나무를 이어주는 띠가 항상 긍정적인 방향을 가리키지는 않는다. 여기에서 인간과 나무 사이 관계의 특수한 변형인 산불을 자연 우호적인 관점으로 다루려는 것이 아니다. 우리 조상들은 산불을 이용해 많은 에너지를 소모하지 않고 넓은 면적의 숲을 농경지로 개간했다. 지금도 아시아와 라틴아메리카에서는 농경지를 확보하고자 산불을 이용하고 있다. 우리 조상들은 최소 150만 년 전부터 수없이 화전火田을 일구어 농사를 지어왔다. 이것이 잘못되어 대형 산불로 번지는 경우도 있었다.

우리는 종종 산불이 자연 현상이라는 기사를 접한다. 완전히 틀린 말은 아니다. 하지만 북아메리카 서부 지역과 러시아에서 자주 발생하는 대형 산불은 생태계에서 일어나는 현상과는 전혀 관련이 없다. 독일의 활엽수림에서는 산불이 잘 발생하지 않는 반면, 북부의 침엽수림에서는 훨씬 쉽게 발생한다. 나무줄기 · 바늘잎 · 수피가 나뭇진(수지)을 비롯한 인화성 물질로 채워져 있기 때문이다. 건조한 여름의 침엽수림은 휘발유통이나 다름없다. 어떤 나무가 불에 타길 좋아하겠는가? 훼손되지 않은 침엽수림의 이끼류 · 지의류* · 죽은 나뭇가지 · 부식토에는 수분이 많이 저장되어 있다. 이런 것들이 산불을 예방해준다. 낙뢰 또한 자연적으로 발생하는 산불의 원인 가운데 하나다. 이 경우 대개 뇌우가 동반되어 산불이 나자마자 꺼진다. 건조한 상태에서 산불이 발생했다면 거의 대부분이 인간의 개입 때문이다.

불, 간접적으로는 장작도 우리의 몸 안에 그 흔적이 남아 있다. 하지만 이 흔적은 우리와 나무를 이어주고 있는 띠를 찾기에는

* 地衣類. 하나의 단일한 생물이 아니라 하얀 균체의 곰팡이와 녹색, 청남색의 조류가 만나 공동생활을 하는 균류 공생체.

너무 희미하다. 인간과 나무의 관계를 뒷받침할 수 있는 결정적인 실마리가 발견된다면 얼마나 좋을까. 다음 장에서 나는 상당히 까다로운 영역을 다뤄보려고 한다. 전기장이다. 지금까지 나는 이 영역이 약간 신비주의적이라고 느껴져 논의에서 배제해왔다. 나무를 둘러싸고 있는 전기장이 신비스러운 오라aura를 한층 부풀리는 것처럼 느껴졌다. 전기장이 나무가 우리와 정말 대화를 하고 에너지를 주기 위해 우리에게 명확한 메시지를 보내는 것이라고 할지라도 말이다.

최근 나는 이 주제에 관한 연구가 대학에서 진행되고 있다는 사실을 알게 된 후, 그동안 구석으로 밀어놓았던 전기장이라는 주제를 다시 끌어냈다. 여러분도 분명 이 주제에 흥미를 갖게 되리라 확신한다.

11

전기장, 자연과의 소통을 돕는 비밀스러운 존재

나무를 둘러싸고 있는 전기장을 설명할 때 거미만큼 도움이 되는 생물도 없다. 영국 브리스톨대학교의 생물학자 에리카 몰리Erica Morley도 아마 그런 생각을 가지고 있었던 듯하다. 그녀는 거미가 공기 중으로 긴 실을 쏘아 올려 거기에 매달려 이동하는 방식, 즉 벌루닝ballooning을 연구했다. 몸이 작고 가벼운 어린 동물에게 이 메커니즘은 잘 작동한다. 거미는 늦여름 하늘에서 특히 많이 볼 수 있다. 거미의 은색 실은 포근한 오후의 공기 중에 둥둥 떠 있다. 독일어로 늦여름의 고요한 공중에 떠 있는 거미줄을 '알트바이버좀머*'라고 하는데, 이것은 (옛사람이 생각

* **Altweibersommer**, 직역하면 '늙은 여인의 여름'이라는 뜻.

하기에) 은회색의 긴 털이 길게 늘어진 모습이 노부인의 긴 머리카락처럼 보인다고 하여 생긴 표현이다.

어떻게 하면 사람도 거미처럼 줄을 이용해 날 수 있을까? 거미가 비행하는 원리는 아주 간단하다. 바람이 새털처럼 가벼운 구조물, 즉 거미줄과 그 끝에 달랑달랑 매달려 있는 거미를 옮겨준다. 이것이 지금까지 통용되던 이론이었다. 그런데 에리카 몰리는 출발점이 나뭇가지 또는 나뭇잎이라면 또 다른 힘이 필요하다는 새로운 사실을 발견했다. 쉽게 말해 포근한 바람만으로는 거미와 거미줄을 지탱하기 힘들다. 거미의 경우 복부에서 아주 빠른 속도로 거미줄이 나온다. 이 속도에 맞춰 거미줄이 이동하지 못하면 엉켜버린다. 게다가 거미는 바람처럼 빠른 속도로 비행할 수 없다.

거미의 비행 메커니즘을 설명할 때 많은 학자가 열에 의한 이동 과정을 지지한다. 날씨가 따뜻하면 토양 공기가 햇빛에 가열되어 위로 상승한다는 것이다. 이러한 대규모 '벌루닝'은 심지어 비가 올 때도 발생한다. 열에 의한 공기의 움직임은 아무런 힘을 발휘하지 못하는데도 말이다. 게다가 거미가 나뭇가지에서 위로 올라가려면 초기 속도가 아주 빨라야 한다. 속도가 받쳐주지 못하면 미풍이 붙들어주기 전까지 거미는 땅 쪽으로 침몰한다.

이 문제의 답은 정전기다. 정전기가 일어난 상태에서는 작은 물체를 움직일 수 있기 때문이다. 합성섬유로 된 기능성 셔츠를 떠올려보자. 머리를 먼저 끼우고 셔츠를 입을 때 종종 지지직거리는 소리가 난다. 주변이 깜깜할 때는 심지어 섬광도 볼 수 있다. 그리고 거울을 보면 머리카락 몇 올이 수직 방향으로 곧추서 있다. 이 현상을 통해 두 가지를 설명할 수 있다. 첫째, 정전기가 중요한 역할을 하고 반응이 나타난다면 거미는 이것을 알고 적응할 줄 알아야 한다. 무엇이 머리카락보다 더 유용할까? 몰리 교수가 발견했듯이 거미는 몸에 난 털을 이용했다. 실험은 간단하다. 작은 생물에 전기가 통하도록 바닥이 금속 재질인 아크릴 유리병에 거미를 담았다. 이렇게 하여 바닥과 뚜껑 사이에 전위차가 발생했다. 그리고 용기 가운데에 전도성이 없는 판지로 된 칸막이를 끼워 넣었다. 칸막이 위에 있던 거미들은 자신의 털로 바닥과 뚜껑 사이의 전압이 점점 높아지는 것을 감지했다. 그러자 거미의 털은 인간의 머리카락처럼 위로 곧추섰다. 몸의 털이 서자마자 거미는 복부를 살짝 치켜들고 거미줄을 위로 뽑아내어 작은 용기 안에서 공중으로 부상했다.[33]

물론 정전기력이 거미를 비행할 수 있게 해주는 유일한 힘은 아니다. 바람도 거미의 비행에 큰 영향을 끼친다. 이 현상은 특히 바람이 많이 불지 않는 날, 거미가 나무에 오르기 위해 전위차에 어떻게 반응하는지 보여준다는 점에서 중요하다.

이제 두 번째 질문으로 넘어가자. 그렇다면 나무 주변의 전기장은 어떻게 형성될까? 우리와 나무의 소통을 돕는 비밀스러운 오라가 존재하는 것은 아닐까?

이 질문에 대한 설명은 단순하면서도 복잡하다. 앞에서 언급했듯이 힘이 발생하는 원인은 대기 중 전기가 일어나는 과정과 관련이 있다. 이 과정이 알려진 지는 200년쯤 되었다. 지표면에서 80킬로미터 높이부터 시작되는 전리층*에는 양이온이 많고, 지면에는 음이온이 많다. 그 차이는 20만 볼트가 넘는다. 지표면에서 멀어질수록 전위차는 높아지다가 일정해진다. 그래서 전위차는 날씨가 좋을 때 지상으로부터 1미터 이상이면 10미터당 100~300볼트에 달한다![34] 뇌운**이 있을 때 이 수치는 1미터당 수천 볼트까지 상승할 수 있다.

반면 머리 주변 전압은 발 주변 전압보다 높지 않다. 신체의 전기 전도율이 매우 높기 때문이다. 자동차 또는 의자나 테이블 등 플라스틱 소재 가구를 만졌을 때 잠시 따끔한 때가 있는데, 이것은 여러분이 만진 물체와 지면의 전압차가 여러분의 몸을 통해 조절되고 있기 때문이다. 즉 머리 주변 공기의 전압이 더 높다. 공기는 전기 전도율이 매우 낮기 때문에 오랫동안 전기를 붙들어 둔다. 에리카 몰리는 참나무 주변의 공기와 가지 끝의 전위차가 1미터당 2천 볼트 이상 상승할 수 있고, 심지어 빛을 방출하기도

* 電離層, 전리권 안에서 이온 밀도가 비교적 큰 부분.

** 雷雲, 천둥, 번개 즉 뇌방전의 발생 원인이 되는 가장 보편적인 구름.

한다고 주장한다.

드디어 전기 영역에서 인간과 나무 사이의 상호작용을 살펴볼 때가 되었다. 우리는 전기 영역에 대해서는 갑작스러운 기상 변화와는 다른 방식으로 반응한다. 동물이 전기 영역을 감지할 뿐만 아니라 적극적으로 활용한다는 사실이 학문적으로 입증되었다.

마찬가지로 브리스톨대학교 도미니크 클라크Dominic Clarke 연구팀은 뒤영벌을 연구했다. 뒤영벌은 색 · 형태 · 향기 등 모든 특징을 고려해 꽃을 찾는다. 다양한 감각들이 뒤섞인 꽃은 일종의 커뮤니케이션 수단인 셈이다. 개화기의 꽃은 수분을 매개하는 곤충에게 온갖 수단을 동원해 꽃꿀을 가져가는 대신 꽃가루를 옮겨달라는 신호를 보낸다. 지금까지 학자들은 이러한 신호 중 인간도 감지할 수 있는 모든 것, 이를테면 시각 · 후각 · 미각을 집중적으로 연구해왔다. 뒤영벌의 경우 모든 것을 감지할 수 있는 수준은 아니었다. 꽃도 전기장에 둘러싸여 있기 때문이다. 꽃은 나무보다 크기가 작아 전기장도 약했다. 반면 작은 곤충들은 전기장을 감지할 수 있다. 벌 같은 작은 곤충들은 (비행할 때 자신들의 신체 부위를 마찰함으로써) 양성을 띠게 되지만 꽃은 음성이기 때문에 벌은 전기장을 더 쉽게 감지할 수 있다. 이러한 전하의 차이로 다음과 같은 현상이 일어난다. 뒤영벌이 꽃 위에 앉자마자 뒤영벌(양성)과 꽃(음성)의 전하가 같아진다. 바로 이것이 다른 뒤영벌들에게 중요한 정보가 된다. 일반적으로 수분이 된 후 꽃의 색 · 형태 · 냄새가 변하고, 이러한 변화는 최소 몇 분에서 최대 몇 시간 동안 지속된다. 반면 전기장에는 즉시 변화가 나타난다. 다른 뒤영벌들에게 전기장의 변화는 자신들이 가져갈 것이 없다는 신호인 셈이다.

클라크 연구팀은 전기장의 영향을 입증하기 위해 인공 꽃을 제작해 전류를 흘렸다. 전류가 흐르는 꽃은 보상으로 당이 제공된 반면, 전류가 흐르지 않는 꽃은 쓴 퀴닌 용액이 제공되었다. 뒤영벌들은 인공 꽃과 진짜 꽃의 차이를 시각적으로 구별할 수 없었지만, 전류가 흐르는 꽃에 더 자주 날아갔다.[35]

꿀벌들도 정보 전달을 위해 이러한 현상을 이용한다는 증거가 있다. 꿀벌들은 꽃을 방문하고 돌아와 다른 벌들 사이에 있는 벌통에서 8자 모양의 꼬리춤을 춘다. 그러면 다른 벌들의 더듬이가 인간의 머리카락처럼 전하의 차이에 반응한다. 이때 더듬이는 일종의 센서 역할을 한다. 즉 벌은 더듬이를 통해 자극을 감지하므로 전기를 이용한 커뮤니케이션이 가능하다.[36]

동물의 왕국을 둘러보면 다른 종의 생물들도 전기장을 감지하는 능력을 갖고 있다는 사실을 알 수 있다. 한 예로 물고기 비늘의 옆줄*은 지구의 자기장까지도 감지한다. 자기장은 물고기들이

* 물체나 다른 생물을 감지하거나, 수류의 변화를 감수하는 촉각 기관.

방향을 찾는 데 도움을 준다. 이것이 전부가 아니다. 상어는 나노볼트, 즉 10억 분의 1볼트의 전위차만 생겨도, 전하의 차이를 이용해 먹잇감을 식별할 수 있다. 앞에서 잠시 다뤘지만 참나무 나뭇가지 끝의 전위차도 수천 볼트에 달할 수 있다.

이 점을 제외하면 물고기는 이미 발달사적으로 인간과 한 단계 더 가깝다. 어쨌든 어류는 우리와 같은 척추동물이기 때문이다. 이번에는 동물의 왕국 식구 중 조류로 넘어가보겠다. 새들도 지구의 자기장을 감지할 수 있다. 예를 들어 전서구*는 보이지 않는 선을 이용해 방향을 찾는다. 또한 전기장으로 새들을 교란하면 새들은 잠시 방향을 잃는다. 진화론적 관점에서 유인원 다음으로 우리와 유연관계가 가까운 동물은 돌고래다. 돌고래는 유인원만큼 지능이 높다고 알려져 있다. 돌고래가 상어처럼 전위차에 반응한다는 것은 21세기에 들어서 밝혀졌는데, 이것은 아마 먹잇감을 포착하기 위한 반응인 것으로 보인다.

드디어 우리 차례가 왔다. 인간이 전압을 감지해야 할 이유가 있을까? 아니, 그러지 말아야 할 이유도 없지 않은가? 결국 우리 몸도 전기로 제어되는 구조물이고 우리 몸 안에서는 끊임없이 전류가 흐른다. 우리의 신경계를 통해 활발하게 돌아다니는 모든

* 傳書鳩, 편지를 보내는 데 쓸 수 있게 훈련된 비둘기.

정보, 우리의 뇌에서 형성되는 모든 생각은 전위차를 통해 전달된다. 하지만 이때의 전위차는 10분의 1볼트로 매우 약하다. 쉽게 말해 우리는 강한 전류에 더 민감하게 반응할 수밖에 없다. 약한 전류에 맞춰져 있는 우리의 신체 시스템은 그만큼 교란도 적게 일어난다. 전자파가 신체에 끼치는 영향과 관련해 현재 '전자스모그*'에 관한 논쟁도 치열하게 진행되고 있다.

우리 몸이 전기장에 반응한다는 것에 대해서는 논쟁의 여지가 없다. 독일연방전파방출안전청BfS은 EU 법령에 따라 공식 제한치는 1미터당 5천 볼트로 규정하고 있다. 이것은 나뭇가지 끝에서 측정했을 때의 최대치를 넘는 수치다. 그런데 이것이 끝이 아니다. 이러한 공식 제한치가 과도하게 높게 책정되었다는 것이 문제다. 이런 이유로 몇몇 국가에서는 현실적으로 조정했다. 라트비아의 경우 주거용 건물에 대해 500볼트로, 폴란드에서는 1천 볼트로 조정했다. 한마디로 우리는 자연 상태에서 전기를 접할 수 있는 영역에 있는 셈이다.

이제 전력 공급과 연속 장하**에도 정부 제한치가 적용되고 있다. 다만 자연적으로 전기가 발생할 수 있는 특수한 기상 상황일 경우에는 최대치를 적용하지 않는다. 이 경우 제한치는 나뭇가지

* 각종 전파 · 전기 기기로부터 발생하는 전자파. 유해 전자파가 안개처럼 대기 중에 퍼져 있는 것을 스모그에 빗대어 이르는 말이다.

** continuous loading, 최대 전류가 3시간 이상 흐를 것으로 예상되는 부하.

끝에 걸리는 전기 부하가 아니라, 우리가 의식하지 못하는 약한 부하를 말한다. 이보다 전기 부하가 더 높아 건강상 문제가 발생할 경우 우리 몸이 알아서 이것을 감지한다.

캘리포니아대학교 연구팀이 밝혀냈듯이 이것은 세포 영역에서도 가능한 일이다. 이 연구팀은 전기 감각세포처럼 반응하는 피부 세포를 검사하고, 약한 전기장을 이용하여 상처를 치료했다. 이런 전기장에서는 중합체*로 된 세포액을 구성하는 성분이 세포벽에 모이고, 세포벽은 음전하를 띤다.[37] 우리 몸 밖의 전하가 체내 치료 과정을 방해할 수 있다는 사실이 입증된 셈이다. 이보다 흥미로운 질문은 과연 우리가 이런 상태를 의식할 수 있는가 하는 것이다. 물론 이를 입증할 수 있는 명확한 증거도 없다.

이런 맥락에서 다뤄볼 만한 주제가 전기 감응력이다. 사람들은 전자기장이 건강에 해롭다고 믿는다. 독일연방전파방출안전청에 의하면 독일 국민의 2퍼센트가 그렇게 생각한다고 한다. 이 주제와 관련해 그동안 많은 연구가 진행되어왔으나, 아직까지 명확한 인과관계는 밝혀지지 않았다. 또한 전자기장은 다양한 주파수의 전자파를 일으킨다. 그중 일부는 여러분도 알고 있다. 다양한 주파수의 전자파는 휴대폰 메시지, 라디오, 텔레비전의 중개자 역

* Polymer, 분자가 기본 단위의 반복으로 이루어진 화합물. 염화비닐, 나일론 따위의 합성중합체와 고무나 녹말, 단백질 등의 천연중합체가 있다.

할을 한다. 이런 것들이 전자기장에 영향을 끼치는 건 당연하다. 원래의 목적이 그것이기 때문이다. 물론 전자파가 특정한 방향으로 흐르는 경우는 드물다. 이 현상은 라디오 방송국의 송출 방식처럼 물에 돌을 던지면 사방으로 동심원이 형성되는 것에 비유할 수 있다. 그래서 우리는 매초 무수히 많은 무선 및 전송 메시지를 받을 수 있는 것이다. 정부의 공식 발표에 의하면 전자파는 매우 약해서 건강에 유해하지 않고 우리가 느낄 수도 없다고 한다. 하지만 이 부분에 대해서는 논쟁의 여지가 있다.

그렇다고 우리가 코너에 몰릴 일은 없다. 전자기장은 전자기기에 강한 영향을 줄 수 있는 전하와 형제자매 같은 사이이기 때문이다. 예를 들어 합성섬유로 된 카펫 위를 걸어가면서 충전을 할 때 손으로 컴퓨터 회로판 같은 전자 부품을 잡고 있으면 망가질 가능성이 있다. 그래서 이런 부품의 포장에는 항상 만지기 전에 접지*를 하라는 유의사항이 적혀 있다. 예를 들면, 금속 라디에이터 등에 손을 대고 방전시키라는 것이다.

사람들이 휴대폰으로 통화할 때 건강을 염려하는 이유도 전자기파와 관련이 있다. 통화를 할 때 휴대폰을 머리 근처에 대고 있는데, 다른 무선 안테나탑으로 신호를 이동시키기까지 상당히 많

* 接地, 전기 회로를 구리선 따위의 도체로 땅과 연결하는 것. 또는 그런 장치. 회로와 땅의 전위를 동일하게 유지함으로써 이상 전압의 발생으로부터 기기를 보호하여 인체에 대한 위험을 방지한다.

은 전자파가 방출될 수밖에 없기 때문이다. 이런 이유로 독일연방전파방출안전청은 다소 보수적인 입장을 취하며, 유해 전자파 방출이 우려된다면 유선 전화를 사용할 것을 권장한다. 또한 휴대폰 통화를 최대한 짧게 하거나 문자 메시지를 더 많이 사용할 것을 권하고 있다. 이렇게 하면 뇌 가까이에 휴대폰을 대고 있지 않아도 된다는 것이다.[38]

이러나저러나 나한테는 아무것도 안심되지 않는다. 전기가 신경계에 끼치는 영향이 핵심이 아니기 때문이다. 한계치의 기준은 이웃한 조직이 가열되어 있는 상태다. 전자레인지를 떠올리면 이 반응을 이해하기 쉽다. 여기서 좀 더 정확하게 살펴보고 넘어가자. 휴대폰에서 뇌에 열을 가하고 그로 인한 손상이 발생할 만큼 강한 전자파를 방출하고 있을까?

현재 휴대폰 전자파가 암을 유발한다는 주장에 대해 공식적으로 입증된 증거는 없다. 다만 그 이면에 중요한 질문이 숨겨져 있는 것은 확실하다. 우리의 신경처럼 미세하고 균형 잡힌 체계가 약한 전자 신호로 작동된다면 정부에서 허용하고 있는 강력한 (휴대폰과 같은) 전자파 생성 장치가 뇌의 온도 상승 등 신체 데이터를 전송하는 데 어떤 영향을 끼칠까?

빈약하기는 해도 전자파가 건강에 영향을 끼친다는 증거가 있을 것이다. 하지만 나무든 사람이든 간에 전자파가 건강에 끼치는 영향에 대해서는 이쯤에서 마무리하겠다.

나무와 전기장의 직접적인 소통에 관한 주제로 다시 돌아가자. 인간이 정전기를 감지할 수 있다는 것은 앞부분에서 이미 설명했다. 자동문이나 플라스틱 소재의 정원 가구를 만지면 짧게 '지지직' 하는 소리가 나면서 손이 따끔했던 적이 있을 것이다. 이것은 여러분의 몸이 정전기에 반응하고 있다는 표시다. 여기서 의문점은 우리가 어느 정도의 전압까지 정전기를 감지할 수 있고, 훈련으로 이 한계를 바꿀 수 있는가 하는 것이다.

전위차가 최소 2천 볼트 이상은 되어야 피부로 정전기를 감지할 수 있다. 그러려면 우리는 참나무 나뭇가지 끝의 측정치 영역에 있어야 한다. 문제는 전위차가 참나무 나뭇가지 끝 수준으로 올라가려면 여러분이 나무에 직접 올라가야 한다는 것이다. 땅에서 시작해보자. 여러분의 발을 통해 접지될 것이므로 나무처럼 방전 상태가 될 수 있다. 아니다. 뒤영벌처럼 땅에 발이 닿지 않은 상태로 시작하는 것이 더 낫겠다. 이때 발과 금속 구조물은 떨어진 채 고무 매트가 깔린 리프팅 장치 위에 있다. 특히 건조한 날처럼 정전기가 최고치에 도달할 때 나무 꼭대기와 접촉하면 정전기를 느낄 수 있다. 그런데 누가 이런 일을 하겠는가?

사람들은 어떤 형태로든 나무와 소통하기 위해 숲에 간다. 무언가를 느껴보려고 나무줄기를 껴안고 싶어 할 수 있다. 인간과 나무는 땅을 통해 접지되어 있기 때문에 둘 사이에는 전위차가 없다. 나무에 흐르는 전기장을 느낄 수 있는 이론적인 방법이 하나 남아 있기는 하다. 이 방법을 설명하려면 다시 머리카락을 이용해야 한다. (머리카락에 기름기가 많거나 축축하지 않은 한) 마찰 등으로 머리카락에 전하가 쌓이면 정전기 현상이 일어나 머리카락이 위로 선다. 만약 여러분이 접지되어 있다면 머리카락이 위로 솟구치지 않을 것이다.

거미는 털을 통해 나무 주변 전기장에 대한 반응을 보인다. 우리의 머리카락과 달리 거미줄은 나무에서 잘 떨어지지 않는다. 우리 몸에서는 왜 이런 일이 일어나지 않을까? 기능성 셔츠를 입을 때 '지지직' 하고 소리가 나면서 머리카락이 위로 당겨지거나 마찰로 전기가 발생하면서 위로 솟아오른다. 혹시 머리카락이 긴 사람은 기능성 셔츠에서 정전기가 발생하는 것과 비슷한 경험을 할 수 있을지도 모르겠다.

유감스럽게도 이 책의 편집 작업이 마무리되었을 때는 늦겨울이었기 때문에, 나는 직접 실험해볼 수 없었다. 나무는 동면기에 접어들었고, 지상부 내부 기관의 수분 함량이 많이 감소한 상태였다. 다음 여름에는 반드시 실험해보리라. 아내는 긴 머리카락을 가지고 있으니 나보다는 아내가 실험해보는 편이 낫겠다.

12

나무의 심장 박동

나무 한 그루를 꼭 안아보자. 전기가 통하는 느낌이 들지 않는다. 여러분과 나무의 전압이 같아서 아무 반응도 나타나지 않는 것이다. 혹시 나무가 여러분의 손길을 다르게 받아들일 가능성은 없을까? 어린나무에게는 가능한 일이다. 바로 접촉형태형성*이라는 현상을 통해서다. 접촉형태형성은 식물을 만지면 더디게 자라는 현상을 일컫는다. 예를 들어 토마토의 경우 하루에 몇 분 정도 쓰다듬어주기만 해도 충분하다. 토마토의 키가 더 이상 자라지 않으면서 줄기의 부피는 두꺼워진다.[39]

* 接觸形態形成, 바람이나 접촉 등의 기계적 자극 때문에 식물 줄기의 길이 생장이 저하되고 비대 생장이 일어나는 현상.

하지만 이것은 사랑의 표시가 아니라, 소위 풍하중*에 대한 반응에 불과하다. 바람에 대해 식물은 같은 행동 양식을 보인다. 식물의 길이가 짧을수록 바람이 불 때 뿌리에 미치는 지렛대 힘은 더 약하다. 반면 줄기가 두꺼울수록 토마토는 안정적이다. 동물이 나무를 스치고 지나갈 때의 움직임에 대해서도 식물은 동일한 반응을 보인다. 덜 안정적인 식물일수록 쉽게 부러진다. 이런 이유로 토마토나 작은 나무는 바람뿐만 아니라 이런 움직임에 항상 같은 반응을 보인다.

식물을 쓰다듬어주어 더 튼튼해졌다는 말에 속지 마라. 학자들의 연구 결과, 식물을 쓰다듬어주면 자스몬산**이 더 많이 생성되는 것으로 밝혀졌다. 자스몬산은 길이 생장에 변화를 줄 뿐만 아니라 식물을 자극해 싹이 더 두껍고 견고하게 자라게 해준다.[40] 반면 빛을 적게 받는 실내용 식물의 경우 중간 싹이 가늘고 불안정하게 자란다.

나무를 안아주고 긍정적인 반응이 돌아오길 기대한다면 분명 실망할 것이다. 식물에게 이것은 부정적인 외부 영향에 대한 일종의 방어 전략일 뿐이다. 나무가 여러분의 포옹을 인식하려면

* 風荷重, 바람으로 인하여 구조물의 외면에 작용하는 하중.

** jasmonic acid, 식물의 방어용 스트레스 호르몬으로 식물은 상처를 입으면 세포막에 있는 리놀렌산을 이용해 자스몬산을 합성한다. 이 호르몬은 식물의 발아와 생장을 억제하고 노화를 촉진한다.

압각壓覺을 갖고 있어야 한다. 쉽게 말해 여러분의 팔이 수피를 감싸고 있다는 것을 감각으로 느껴야 한다. 실제로 나무는 압각을 가지고 있지만, 우리와 완전히 차원이 다르다. 이웃나무나 철제 기둥이 나무줄기를 누르고 있으면 나무는 장애물을 둘러싸고 주변에서 자란다. 이때 나무에 작용하는 힘은 매우 크고 무엇보다 오랫동안 지속되어야 한다. 반면 우리가 나무를 안고 있을 경우에는 이 두 가지 변수가 충족되지 않는다. 특히 나무가 클수록 수피도 두껍다. 그리고 바깥 영역의 수피는 죽은 세포들로만 구성되어 있기 때문에 감각도 우리 머리카락만큼이나 약하다.

실제로 나무의 감각이 활발하게 활동하는 곳은 생각지도 못했던 부위다. 바로 뿌리다. 나무는 뇌와 비슷한 구조를 지닌 뿌리 끝을 이용해 토양 곳곳에서 일한다. 어디로 어떻게 계속 갈 것인지 만지고, 맛보고, 확인하고, 결정한다. 길에 돌이 있으면 나무는 예리하게 그 형상을 알아보고 다른 길을 택한다. 나무 친구들이 찾고 있는 접촉에 대한 민감성은 나무줄기가 아니라 지하부에 있다. 접촉에 성공하면 뿌리는 첫 정착지가 된다. 뿌리의 장점은 쉽게 연락이 가능하고 지상부와 달리 겨울에도 활동한다는 것이다. 뿌리는 압력도 신선한 공기도 좋아하지 않는다. 섬세한 형상을 밖으로 드러내봐야 아무 의미가 없다. 10분만 햇빛에 노출되어도 조직이 죽어버리기 때문이다.

최근 학술 연구 결과 새로운 사실이 밝혀졌다. 나무에서 심장 뛰는 소리가 난다는 것이다. 정말 그럴까? 물론 나무가 인간처럼 심장을 가지지 않았지만, 심장과 비슷한 기능을 가진 기관이 필요한 것은 사실이다. 그렇지 않으면 체내의 중요한 과정이 작동하지 않을 것이다.

인간의 피에 해당하는 것이 나무의 물이다. 나는 나무에서 물이 물관으로 이동하는 과정을 자주 다루었다. 하지만 정확한 과정은 아직 학문적으로 밝혀지지 않았다. 가장 많이 알려진 이론은 증산 작용으로 수분이 나뭇가지 끝까지 올라간다는 것이다. 물론 과학적으로 말이 안 되는 이론이다. 이 이론에 의하면 수분은 나뭇잎에서 증발하고, 나무줄기에서는 압력을 생성한다. 이 압력이 뿌리, 즉 흙으로부터 물을 끌어올린다. 이 이론에서는 이른 봄 활엽수의 나무줄기에서 물의 압력이 가장 높다는 말도 안 되는 주장을 하고 있다. 이 시기에는 나무에 푸른 잎이 하나도 달려 있지 않다. 나뭇잎이 없는데 대체 수분이 어떻게 증발한다는 말인가! 삼투*나 모세관힘**을 이용한 설명도 말이 안 되기는 마찬가지다. 삼투 현상, 모세관 현상 등을 설명하기 위한 다른 이론에도

* 滲透. 농도가 다른 두 액체를 반투막으로 막아놓았을 때, 농도가 낮은 쪽에서 농도가 높은 쪽으로 용매가 옮겨가는 현상.

** 물이 담긴 그릇에 가는 유리관(모세관)을 꽂아보면 유리관을 따라 물이 올라가는 것을 관찰할 수 있다. 이처럼 가는 관과 같은 통로를 따라 액체가 올라가거나 내려가는 것을 모세관 현상이라고 하며, 모세관이 상승할 때 나타나는 힘을 모세관힘이라고 한다.

문제가 있기 때문에 우리는 지금 난처한 상황에 처해 있다. 오히려 이 현상 뒤에는 뭔가 더 많은 것이 숨어 있다. 호수나 늪에 대해 종합적으로 연구하는 헝가리 티하니Tihany 소재 벌러턴 호소학Limnological연구소의 안드라스 즐린스키András Zlinszky 박사가 조금씩 그 답에 가까이 가고 있는 듯하다. 몇 년 전 그는 핀란드와 오스트리아 출신 동료들과 함께 자작나무가 밤에 잠자고 있는 듯한 현상을 관찰했다. 학자들은 바람이 없는 밤 레이저로 나무를 관찰한 결과 나뭇가지가 최대 10센티미터까지 기울어져 있는 것을 확인했다. 해가 뜨자 나뭇가지는 원래 상태로 돌아왔다. 이 현상을 연구자들은 나무의 수면 행위라고 주장했다.[41]

이 현상과 관련해 안드라스 즐린스키가 뭔가 석연치 않다고 판단한 부분이 있었던 듯하다. 그래서 그는 동료 학자 앤더스 바포드Anders Barfod와 함께 다양한 수종의 나무 22그루를 다시 한번 연구했다. 그는 나뭇가지가 위로 올라갔다 내려갔다 하는 것을 또다시 확인했다. 하지만 이번에는 리듬이 달랐다. 나뭇가지는 밤낮이 바뀔 때가 아니라 3~4시간 간격으로 오르락내리락했다. 대체 간격이 달라진 이유가 무엇일까? 두 사람은 물의 이동을 지켜보기 시작했다. 나무는 이 간격으로 펌프 운동을 했을까? 사실 두 사람 이전에 나무줄기의 지름이 주기적으로 0.05밀리미터 감소했다가 다시 확장되는 현상을 발견한 학자들이 있기는 했다. 이들이 찾아낸 것은 심장의 흔적, 즉 수축을 통해 단계적으로 물에 압력을 가할 때 뛰는 심장 박동의 흔적이었을까? 심장 박동이 너무 느려서 우리가 그동안 느낄 수 없었던 것일까? 즐린스키와 바포드는 자신들이 관찰한 현상에 대해 타당성 있는 해석을 내놓았다. 이렇게 하여 나무는 동물의 왕국으로 한 걸음 바짝 다가간 셈이다.[42]

나무의 심장이 서너 시간에 한 번 간격으로 뛴다고 하자. 쉽게 말해 이 말은 나무를 안아주고 서너 시간 후에 나무로부터 신호를 받을 수 있다는 뜻이므로, 결국 우리는 나무에서 보내는 신호를 포착할 수 없다. 아무리 감각이 예민한 사람이라고 해도 말이다.

나무와 소통할 수 있는 마지막 방법은 우리의 목소리다. 나는 이 부분을 더 정확하게 관찰하려고 한다. 목소리는 인간에게 가장 중요한 커뮤니케이션 수단으로 여겨진다. 꽤 많은 사람이 나무나 실내 식물과 대화를 시도해왔다. 여기에서 시도란, 어떤 형태로든 식물이 반응하는지 확인하는 것이다. 또한 포도 재배업자들 중에는 포도밭에 특정 분야의 음악을 들려주면 수확량이 늘었다고 믿는 이들이 있다.

이 모든 현상의 이면에 숨겨진 진실은 무엇일까? 식물에게도 소리를 들을 수 있는 능력이 있다는 말일까?

마지막 질문에 대해 나는 확실하게 '그렇다'라고 답할 수 있다. 몇 년 전 학자들이 실험용 식물로 가장 많이 사용하는 애기장대

Arabidopsis thaliana에서 이것을 확인했다. 실험용으로 애용되는 이유는 구하기 편하고, 쉽게 번식하며, 유전적 특징이 매우 명확하기 때문이다. 뿌리는 주파수 200헤르츠인 클릭 소리가 나는 방향을 향해 있었고 그 방향으로 자라났다. 또한 애기장대는 모스 부호*처럼 작동하는 소음을 생성할 수 있었다.[43]

한편 웨스턴오스트레일리아대학교의 모니카 가글리아노Monica Gagliano는 지하부에 있는 완두의 뿌리에서 물이 흐르는 소리를 발견했다. 이를 위해 그녀는 땅에 파이프 세 개를 묻었다. 첫 번째 파이프에는 테이프에서 나는 소리를 틀었다. 두 번째 파이프에는 물을 흘렸다. 세 번째 파이프에는 인공적으로 생성한 물소리를 틀었다. 완두는 전혀 혼동하지 않았다. 완두의 뿌리는 진짜 물소리가 나는 쪽을 향했고 완두도 같은 방향으로 자랐다. 완두는 물이 필요하지 않을 때는 아무 활동도 하지 않았다. 완두는 정말 물소리를 들었을까? 가글리아노 연구팀은 이 경우 뿌리는 잡음에 방해받을 가능성이 있다고 추측했고 실제로 이런 현상을 관찰할 수 있었다.[44]

애기장대와 완두는 물론이고 나무도 소리를 들을 수 있다. 또한

* **Morde code**, 점과 선을 배합하여 문자 · 기호를 나타내는 전신 부호. 미국의 발명가 모스가 고안한 것으로, 특히 무선 전신 · 섬광 신호 따위에 쓰인다.

식물은 우리처럼 자신의 능력을 목적에 따라 활용할 수 있다. 인간의 귀로는 초음파를 감지할 수 없다. 굳이 초음파 영역의 소리까지 들을 필요가 없어서다. 앞에서 나는 클래식 음악을 틀어주었더니 포도밭 수확량이 증가했다는 연구를 언급했다. 정말 클래식 음악이 성장을 촉진했을까? 나무와 대화했다는 사람들의 체험기는 사실일까? 학문적 관점에서 뿌리의 청각은 이런 것들에 전혀 도움이 될 수 없다. 지하부는 소리가 상대적으로 잘 차단되어 있기 때문이다. 먼저 우리는 이 영역을 둘러보고 나무줄기 · 나뭇가지 · 나뭇잎을 더 자세히 살펴보아야 한다. 정말 식물이 청각에 대한 반응을 보인다는 증거가 있을까?

서부독일방송 WDR 촬영팀은 윌리히연구소에서 며칠 동안 해바라기에 다양한 소음을 들려주었다. 그중에는 클래식 음악도 있었다. 식물이 음악에 따라 다른 반응을 보일 것이라는 예상과 달리 아무 차이도 나타나지 않았다.[45] 혹시 지상부에서만 음향 환경이 변화한 것에 반응을 보이지 않은 것일까? 우리는 쉽게 포기할 수 없었다. 아니면, 실험 조건을 잘못 선택한 것일까? 우리는 식물에 실질적으로 중요한 역할을 하는 소리를 찾았어야 했다.

예를 들어 애벌레가 잎을 갉아먹는 소리를 들려줬더라면 어땠을까? 이 소리는 식물에게는 생명의 위협을 뜻한다. 마침 미주리대학교에서 이 실험이 진행되었다. 연구자들은 애기장대 표본에 애벌레를 올려놓았다. 줄기의 미세한 진동은 장착해놓은 레이저

미러를 통해 관찰되었다. 연구자들은 애벌레가 없는 식물에 이 진동 소리를 들려주었다. 이 식물들은 특히 소음 공격을 받을 때 방어 물질을 많이 생산했다. 반면 동일한 주파수의 바람 소리와 다른 소음을 들려주었을 때는 반응을 보이지 않았다.

애기장대가 소리를 들을 수 있다는 사실에는 중요한 의미가 있다. 바로 애기장대가 음향 경로를 통해 어느 정도 거리가 떨어진 곳에서도 위험을 미리 감지하고 대비할 수 있다는 점이다.[46] 이보다 중요한 것은 자신에게 위험을 알리는 소리가 아니라면 그냥 무시했다는 점이다. 쉽게 말해 애기장대는 인간의 언어와 다양한 장르의 음악에는 영향을 받지 않는다. 클래식과 록 음악을 명확하게 구별한다는 유용식물*에 관한 보고가 미담에 불과하다니 유감이다.

실제로 음악에 애벌레가 잎을 갉아먹는 소리와 유사한 부분이 있는지는 알 수 없다. 모차르트가 식물에 관심이 없어서가 아니라 잘 모르기 때문이라면 그런 소리를 만들어낼 수 있지 않았을까 싶다.

나에게도 나무와 소통하고 싶은 욕구가 있다. 나무가 우리의 존재 또는 쓰다듬어주는 행위에 대한 능동적이고 긍정적인 답변을

* 有用植物, 인간의 생활에 유용하게 쓰이는 식물을 통틀어 말한다.

줄 수 있다면, 커다란 나무 아래에 앉아 수피를 쓰다듬고 편안함을 느끼는 것은 소통의 기본 조건을 충족하는 것이 아닌가. 이런 일이 가능하다는 것을 부인할 마음은 없다. 당연히 보수적인 학계에서는 학문적 증거가 없다고 주장할 테지만 말이다. 이 주제에 대한 최신 연구 결과가 그러할지라도 반드시 답이 있어야 할까? 인간과 나무가 전혀 다른 세상에서 산다는 게 가능한 일일까? 인간의 역사는 나무가 살아온 세월의 0.1퍼센트도 안 된다.

나무가 모든 것을 감각으로 느낄 수 있는 것은 아니지만, 우리 신체에서는 뚜렷한 반응이 나타난다. 이 부분은 나중에 자세히 다루도록 하겠다. 우리가 나무와 접촉하면서 좋은 기분을 느끼고 나무가 야생의 삶을 잘 살아갈 수 있다면, 이것만으로도 충분하지 않은가.

13

지렁이의 여행이 낳은 치명적 결과

수천 년 과거로 거슬러 올라가보면 우리 조상 중에 산림 전문가가 없다는 사실을 알게 될 것이다. 당시 사람들은 숲 경영에 관심이 없었지만 숲의 유형에 많은 영향을 끼쳤다. 대부분은 간접적으로 동물의 세계를 통해서였다. 지렁이(지렁이는 숲을 변화시킨다!)와 같은 작은 생물을 다루기 전에 잠시 포유동물에 관한 이야기를 하려고 한다.

나무가 네발 달린 동물들을 그냥 무시해도 될 상황이 대부분이었을 것이다. 네발동물은 수백만 년 나무의 역사에서 한참 동안 계획에 없는 존재였다. 지금으로부터 6,600만 년 전 공룡이 멸종한 후 잎과 나뭇가지를 먹어치우는 동물이 등장했다. 다름 아닌 거대 초식동물이었다. 이후 이들과 나무 사이에 꾸준히 상호작용이 이뤄져왔다. 물론 우리도 여기에 속한다. 우리 조상들은 이미 나무를 쪼개 장작으로 사용해왔기 때문에 인간과 나무 사이에는 아주 오래전부터 공통의 역사가 존재해왔다. 북반구의 숲들은 비교적 이른 시기에 빙하로부터 자유로워진 남반구의 숲보다 젊다. 이것은 마지막 빙하기, 더 정확하게 말해 마지막 한랭기 말과 관련이 있다. 빙하기는 북극과 남극의 빙상氷床이 얼어 있는 상태다. 지금까지 이 상태가 유지되고 있으므로 우리는 여전히 빙하기에 살고 있는 셈이다. 빙하기 내에 발생하는 변동은 한랭기 또는 온난기라고 표현한다. 유럽의 마지막 빙하기(네 번째 빙하기)는 지금으로부터 약 1만 년 전에 끝났다.

수 킬로미터에 달했던 얼음 덩어리가 토양을 밀고 들어오면서 고등동물도 살 수 없던 시기가 있었다. 빙하가 녹은 후 모래와 자갈이 남았다. 나무가 자라고 푸르러져야 했지만, 얼음이 밀고 들어오지 않은 지역에서도 기온은 낮게 유지되었다. 겨울은 길었고 나무가 자란다는 건 생각조차 할 수 없는 일이었다. 지의류, 이끼류, 키가 작은 관목만 털매머드와 순록에게 먹히지 않고 살아남았다.

빙하가 물러가고 남쪽 피난처에서 나무들이 돌아왔다. 물론 이 나무들은 빙하기에 사라졌던 개체가 아니라, 새들이 남쪽으로 씨앗을 날라주어 살아남은 개체군의 후손이었다.

숲은 사라져가는 얼음을 밀어내고 해가 갈수록 점점 멀리 북부 지방으로 진출했다. 이와 동시에 사람들이 다시 나타났다. 이들은 수만 년 전부터, 빙하기와 빙하기 이후에도 이미 대륙에서 이동하고 있었다. 이들은 농경민이 아니라, 주로 거대 초식동물을 열심히 사냥하며 살았던 수렵민이었다.

빙하기에 포유동물이 대거 멸종한 이유가 인간의 수렵 행위 때문이라는 주장에 모든 학자가 동의한다. 물론 우리 조상들이 수렵 행위를 많이 했다는 증거는 있다. 유럽에서는 인간의 수렵 행위로 1만 년 전 거대한 털매머드, 털코뿔소, 그 밖의 수많은 초식동물이 사라졌다. 다른 대륙에서도 동일한 현상이 나타났다. 얼음이 녹자 인간이 나타났다. 북아메리카에서는 매머드 외에 야생마와 낙타가 마지막까지 남아 있다가 멸종했다.

돌아온 참나무와 너도밤나무는 말 그대로 우리 조상들의 보호 덕분에 살아남았다. 대부분 수종의 어린나무는 초식동물이 좋아하는 먹이다. 이 나무들은 지금까지 황무지 경관을 남기기 위한 목적으로 사용되어왔다. 이런 곳은 자연적으로 숲이 형성될 수 있지만 법령에 의해 숲에서 제외되어 있다. 산업화 이전 농촌 풍경의 낭만적인 이미지가 보존되어야 한다는 이유에서다. 대신 사람들은 이런 지역에 양을 몰아넣고 과거의 야생마나 오로크스*처

* Aurochs, 유럽계 가축 소의 조상으로 여겨지는 종. 17세기에 멸종했다.

럼 만들었다. 양들이 너도밤나무 등 각종 나무의 새싹을 먹어치우면서 숲의 천이* 를 방해했다.

우리 조상들이 고기를 즐겨 먹지 않았더라면 북반구의 넓은 면적에 숲이 형성되지 못했을 것이다. 즉 현재의 수렵민은 우리가 살고 있는 위도의 자연환경에 숲을 파괴하는 거대 초식동물이 서식하면서 탄생했다고 유추할 수 있다. 이들이 없었더라면 거대한 활엽수 폐쇄림**이 형성되지 못했을 뿐더러 중부 유럽 자연경관은 사바나 지대가 더 많이 차지했을 것이다. 하지만 내가 보기에 이 이론은 비약이 너무 심하다. 투창으로 수렵 생활을 하던 우리 조상들이 자연에 속하지 않는다는 말인가? 10만 년 전 자연환경에 인간이 없다는 것을 상상할 수 있는가? 그래서 이 질문이 까다로운 것이다. 우리가 10만 년 전 인간이 없는 자연은 상상할 수 없다고 답한다면, 현재 인간의 존재와 인간이 환경에 끼치는 영향을 자연 현상의 일부로 보아야 하기 때문이다. 그래서 나는 인간이 적극적으로 자연을 변형시키기 시작한 시점, 즉 인간이 농경을 시작한 시기를 경계로 삼는다. 삼림경영을 위해 집중적으로 사용된 숲과 마찬가지로, 변형된 자연경관은 더 이상 자연이 아니다. 인간이 1만 년 전부터 숲과 자연경관에 손을 대기 시작한 것은 말이 안 된다.

* 遷移, 같은 장소에서 시간의 흐름에 따라 진행되는 식물군집의 변화.

** 임목이 생장을 많이 하여 인접한 나무의 수관과 겹쳐 임관을 형성하는 산림.

인간의 의도와 상관없이 숲 환경에 변화가 일어난 것은 그보다 한참 후의 일이다. 이번에도 동물에 의한 변화였고, 인간이 동물의 개체수에 영향을 주었다. 이번에는 '수렵–개체수 감소'와는 정반대되는 일이 벌어졌다. 이 동물들은 크기가 훨씬 작았고 인간의 식량 스펙트럼에도 들어가지 않았다. 그 주인공은 지렁이였다. 지렁이는 대개 나뭇잎이나 죽은 식물의 잔여물 등 죽은 유기체가 남긴 물질을 섭취하면서 토질을 개선한다. 이때 지렁이는 입을 통해 흙도 함께 먹기 때문에, 지렁이의 장에 있던 풍부한 미네랄이 섞인 배설물이 지렁이 몸 밖으로 배출되면, 푸석푸석한 흙은 완벽하게 물을 저장할 수 있게 되고 수많은 미생물에게는 생활공간이 되어준다. 흙의 통로에는 미생물들의 점액이 묻어 공기가 잘 통하고 뇌우가 쏟아질 때도 물이 잘 스며든다. 지렁이는 정원사에게 방패와 같은 동물이다. 잘 가꿔진 화단에는 동물 조력자, 지렁이들이 우글거린다.

그런데 북아메리카의 상황은 전혀 다른 듯하다. 지렁이가 큰 숲 지대를 훼손하며 많은 종의 식물과 동물을 위협하고 있다. 어떻게 이런 일이 생겼을까?

마지막 빙하기 이후 북부의 숲에는 지렁이가 서식하지 않았다. 생태계는 토양 동물이 없는 환경에 완전히 맞춰져 있었다. 솜처럼 부드러운 층은 반쯤 분해된 나뭇잎으로 채워지고, 이 환경에 적응한 박테리아 · 균류 · 진드기가 우글거리는 것이 특징이다. 그런데 '유럽의 침입자'들이 이 두꺼운 층을 전부 먹어치우면서 초토화시켰다. 작은 토양 동물만 생활 터전을 빼앗긴 것이 아니었다. '산림퇴비'에 의존해 살아가는 식물들도 사라졌다. 게다가 지렁이는 죽은 생물의 사체뿐 아니라 씨앗과 어린 식물까지도 먹어치운다. 이러한 침입이 시작된 지 얼마 안 되었기 때문에 장기적으로 숲이 어떻게 변할지 확실히 알 수 없다. 하지만 토양 환경에 이처럼 큰 변화가 있을 때 숲은 틀림없이 변한다.

그렇다면 지렁이는 어떻게 여행을 하는 것일까? 아주 간단하다. 식물의 뿌리가 있는 흙 속에서 거주자들은 수백 년 전 새로운 고향을 찾았다. 벌레뿐만 아니라 저항력이 강한 알도 마찬가지였다. 낚시꾼들도 여기에 한몫했다. 낚시꾼들 사이에서 유럽 지렁이는 미끼로 가장 인기가 많다. 사용하지 않고 남은 지렁이는 자연에 버려진다. 북아메리카에서는 이렇게 버려져도 문제가 쉽게 해결된다. 이 지역에는 토종 지렁이가 없고 흙 속에서 분배를 위한 투쟁도 일어나지 않기 때문이다. 그런데 전 세계에서 문제가 발생하고 있다. 슈퍼마켓에서 파는 실내용 화분을 생각해보자. 화분 속에 있으면 지렁이들은 아주 편하게 중국에서 유럽까지 여행할 수 있다. 도착지의 생태계에 이미 지렁이가 서식하고 있으면, 새로 유입된 지렁이는 그곳에 정착하여 큰 변화를 일으키기 어렵다. 자연경관이 더 많이 훼손될수록, 더 많은 숲이 개간되어 농경지로 사용될수록 침입자들은 더 쉽게 퍼져나간다.[47]

한편 균류의 포자는 지렁이보다 훨씬 작다. 원칙적으로 외래종 생물은 크기가 작을수록 쉽게 유입된다. 이 과정은 인간이 이주를 시작한 이래 계속되었다. 아주 작은 입자들이 전 세계 방랑자들의 발뒤꿈치에 찰싹 달라붙은 상태로, 한 번도 서식해본 적 없던 지역까지 흘러들어왔다. 예를 들어 원서식지가 한국인 균류가 있다. 수출 상품이나 트레킹 관광객의 신발을 통해서인지 모르겠으나 어쨌든 이 균류가 뉴질랜드 남섬과 북섬까지 포자를 퍼뜨리는 데 성공했다.

뉴질랜드 북섬의 와이푸아 숲Waipoua Forest에는 인상적인 침엽수 나무가 있다. 다름 아닌 카우리나무Kauri로, 나이가 아주 많고 거대하다. 그중 가장 덩치가 큰 타네 마후타Tāne Mahuta라는 나무는 지름이 무려 4.5미터에 달한다. 크기만큼이나 나이도 많다. 타네 마후타는 최소 2천 년 이상 그 자리에 있었다. 하지만 나무의 키가 정확하게 어느 정도인지는 알 수 없다. 그런데 한국에서 유입된 균류가 이 거대한 나무의 생명을 위태롭게 하고 있다. 이 균류는 나무의 뿌리부터 시작해 나무 전체를 파괴한다. 유감스럽게도 이 경우에는 '나무 의사'의 도움도 불가능하다.

처음에는 모든 것이 좋아 보였다. 백인 이주민들이 뉴질랜드로 건너온 이후 카우리나무는 몇 그루 남지 않았고, 20세기에 이 나무는 보호종으로 지정되었다. 유럽인들은 나무는 물론이고 귀한 송진까지 노렸다. 과거에 뉴질랜드의 원주민인 마오리족은 죽은 표본들의 뿌리를 이용했다. 여기에도 나뭇진 덩어리가 충분히 많이 들어 있다. 마오리족은 이 덩어리로 껌이나 타투 염료를 만들었다. 하지만 사업을 하기에는 부족한 양이었다. 이후 백인 이주민들이 배를 만드는 데 쓰이는 래커와 접착제를 생산하기 위해 나무를 긁어내는 바람에 카우리나무는 점점 약해졌다.

석유로 테르펜틴이라는 합성염료를 발명하기 전까지 나뭇진은 가장 많이 사용되는 원료였다. 그만큼 천연 상품은 인기도 많았다. 게다가 조선 및 목재 산업이 호황을 누리면서 카우리나무가 벌목되기 시작했다. 현재 최후의 카우리나무들은 보호받고 있다. 이것 역시 인간의 적극적인 개입과 관련이 있다. 새로 유입된 균류에 복잡하고 긴 'Phytophthora taxon agathis'라는 라틴어 학명이 붙여졌다. 일상어로는 카우리 다이백Kauri dieback이라고 한다. 2008년 이 균류가 나무를 습격하여 시들게 하는 원인임이 밝혀졌다. 주로 균류의 이동경로에 따라 나무의 감염이 확산되는 특징을 보였다. 한편 등산로를 따라 나무가 점점 감염되고 있다. 이들 길의 상당수는 나무뿌리 바로 위에 이어져 있는데, 지역 단체는 시설을 추가로 설치하고 마운틴 바이크 코스를 개발하는 등 관광 활성화를 위해 노력하고 있다. 순진한 것인지 순찰 대원들은 여행객 신발의 세척 상태를 검사하며 균류 확산을 막아보겠다고 한다. 하지만 여행객들은 신발 세척 장소를 못 보고 지나치기 일쑤다. 이것은 신발 세척기를 도입한다고 해결될 문제가 아니다. 균류의 포자 크기는 0.003~0.2밀리미터로 먼지 알갱이 정도다. 관광객들이 신발을 철저하게 세척하고 숲길을 다니길 기대할 수 없는데, 이 귀한 나무 아래에 균류가 하나도 퍼지지 않길 바랄 수 있겠는가? 유일하게 효과를 볼 수 있는 방법은 마지막 남은 카우리나무 숲을 폐쇄하는 것이다. 당연히 오클랜드주 정부는 이를 거부하고 있다. 관광 수입이 감소할 것을 우려하고 있는 탓이다.

그사이 전 세계에서 유사한 사례가 보고되고 있다. 균종菌種과 수종만 바뀌었을 뿐이다. 유럽 지역에서는 물푸레나무의 생존이 걸린 일이다. 이 불청객에게는 심지어 '가짜 흰술잔고무버섯 Hymenoscyphus fraxineus'이라는 독일 이름도 있다. 포자는 글로벌 무역이 확산되면서 동아시아 지역에서 유입되었고 2000년 전후를 기점으로 구주물푸레Fraxinus excelsior를 덮쳤다. 이 균은 잎을 통해 새싹으로, 나중에는 목질로 이동했다. 감염된 조직이 죽었고, 처음에는 나뭇가지가 말라가더니 나중에는 수관 전체가 썩어 들어갔다.

대부분의 산림 전문가는 감염된 표본을 정신없이 찍어내기 시작했다. 하지만 벌목은 '가짜 흰술잔고무버섯'을 퇴치하는 데 아무 도움이 되지 않았다. 애초에 불가능한 일이었다. 이 균이 지난 몇 년 동안 버려진 나뭇잎의 잎맥에 자실체*를 만들고 있었다. 작은 술잔 모양의 균이 자신의 포자를 주변으로 퍼뜨리며 파릇파릇한 물푸레 나뭇잎에 둥지를 틀었다.

쓸 만한 목재를 건져보자는 의도였겠지만 벌목은 쓸데없는 짓이었다. 몇몇 동료는 심지어 건강한 목재의 나무줄기도 베어버리게 했다. 물푸레나무 개체수 전체가 균에 감염되는 일을 막기 위해서였다. 하지만 이것이 한 가지 수종의 몰락을 재촉했다. 건강한 표본보다는 균에 감염된 표본이 더 많이 관찰되었다. 적어도 튼튼한 나무만큼은 그냥 내버려두었어야 한다. 그랬더라면 이 나무들이 번식하고 그 후손들이 건강한 숲을 만들 수 있었을 것이다. 이것은 공격적인 성향의 새로운 균종의 침입과 소득 감소에 대한 우려가 얽힌 문제로, 그러는 사이 물푸레나무는 계속 사라져 가고 있다.

유럽에도 뉴질랜드와 유사하게 경제적 측면과 균류의 공격으로 인한 폐해가 겹친 이중음이 울리고, 숲의 성격이 변해가고 있다. 이것은 개개의 나무가 아니라, 삶의 토대를 잃은 나무 공동체의 생존이 걸린 문제다. '흰술잔고무버섯'은 이렇게 사라졌다. '흰술잔고무버섯'은 머리털 부분까지는 '가짜 흰술잔고무버섯'과 똑같

* 子實體, 균류의 홀씨를 만들기 위한 영양체.

고 포자 윗부분만 다르다. '작은 물푸레 인피 딱정벌레Hylesinus fraxini'는 아직 아무것도 깨닫지 못했지만 이미 패자의 대열에 들어섰다. 모든 나무좀과 벌레처럼 '작은 물푸레 인피 딱정벌레'도 약한 표본만 공격하고 곳곳에서 관찰된다. 언젠가 물푸레나무가 사라질 것이라면 벌레들의 운명도 이미 결정된 셈이다.

이런 보고를 접하면 사실 나도 양심의 가책을 느낀다. 내가 먼 숲으로 여행을 떠날 때, (이것이 현지 환경보호자들을 지원하기 위한 활동이라고 할지라도) 결국 나도 미생물을 이동시키는 수단이 아니었을까? 나는 항상 같은 등산화를 신고 다닌다. 독일의 내 관할 구역으로 돌아온 후 신발의 위생 상태가 완벽하게 청결하지는 않다. 이것은 균류에만 해당하는 일이 아니다. 균류는 우리 눈에 보이지 않지만 거대한 생태계가 작동하는 데 결정적인 역할을 하는 수많은 미생물의 대변자다.

뉴욕 센트럴파크는 우리가 균류에 대해 아는 것이 얼마나 적은지 확인할 수 있는 대표적인 예다. 콜로라도주립대학교의 켈리 라미레즈Kelly Ramirez 박사 연구팀은 50미터 간격으로 토양 시료를 채취한 다음, 박테리아를 비롯하여 박테리아와 유사한 미생물을 조사했다. 현미경으로는 차이점을 구별하는 것이 거의 불가능했기 때문에 유전자 분석을 실시했다. 놀랍게도 연구팀은 박테리아만 12만 2,081종을 발견했는데, 대부분은 지금까지 알려지지 않

은 것들이었다.[48]

박테리아'만' 그 정도로 많았다. 생태계에서는 크기가 작을수록 종의 중요성이 커진다. 흙 속의 미생물은 먹이사슬에서 1차 생산자로, 바다의 플랑크톤에 비유할 수 있다. 박테리아에 관한 연구가 꾸준히 진행되어왔지만, 대부분이 발견되지 않은 상태다. 이 사실만으로도 우리가 생태계에 대해 알고 있는 것이 얼마나 적은지 상상할 수 있을 것이다.

유감스럽게도 이런 박테리아들은 매우 작고 균류의 포자보다 신발에 훨씬 더 잘 달라붙는다. 무역과 원거리 여행으로 매일 세계 곳곳으로 다양한 종의 박테리아들이 퍼지고 생활환경에 변화를 가져오고 있다.

지금쯤이면 여러분도 양심의 가책을 심하게 느끼고 있을 것이다. 그런데 자연의 세계에서도 같은 일이 일어난다. 장거리 여행? 그렇다. 인간의 세계에만 항공사가 있는 것이 아니라 동물의 세계에도 '동물 에어라인'이 있다. 장거리 여행을 하는 철새들이 그 주인공이다. 철새들이 이륙하기 전에 발을 닦지 않는 것은 물론이다. 게다가 철새들은 인간에게서 볼 수 없는 독특한 행동을 한다. 이 행동 덕분에 몸집이 더 큰 새들도 원거리 이동을 할 수 있다. 다름 아닌 '먼지 목욕'이다. 새들은 깃털을 세워 먼지와 부식토를 마구 휘저어 날개 사이에 먼지가 빨리 들어가도록 하는 것을 좋아한다. 이렇게 하면 흙과 기생충을 털어내는 데 도움이 된다. 하지만 여전히 새의 몸에는 균류의 포자와 박테리아는 물론이고 톡토기와 같은 작은 토양 생물이 달라붙어 있다. 톡토기는 독일어로 'Springschwänze'라고 하는데, 꼬리를 이용해 점프한다고 하여 붙여진 이름이다. 숲 토양 1제곱미터당 10만 개 이상의 표본이 우글거리고 있다. 그리고 그 안에 뿔진드기나 털갯지렁이와 같은 많은 생물이 모여 있다. 몇몇 작은 생물이 새의 깃털 사이에서 길을 잃고 해맬 수도 있다. 이들은 철새의 행렬을 따라 함께 날아가고 도착지에서 먼지 목욕을 통해 땅에 떨어진다.

내 담당 구역에서 체험한 바에 의하면 이러한 방식이 때로는 생태계의 부족한 부분을 채워준다. 이곳에서 학생들은 오래된 독일가문비 조림 구역에 관한 연구를 진행했다. 이들은 종의 조합이 어떻게 변하는지 살펴보고자 했다. 너도밤나무(활엽수) 전문인 토종 톡토기는 독일가문비(침엽수)를 좋아하지 않기 때문에 찾아보기 어려웠다. 이것은 원칙적으로 맞는 말이다. 톡토기가 구과목*에 적응해 침엽수 밑에서 나타났다는 것은 이 톡토기가 토종이 아닐 가능성이 있다는 뜻이다. 원래 독일은 활엽수 산림대이기 때문이다. 토종이 아닌 톡토기의 등장은 새를 통해 '항공편'으로 이동했다는 뜻이다. 이러한 항공 운송을 통해 심지어 어류도 함께 이동

* 球果目. 겉씨식물 중에서 잎이 피침형이나 좁은 선형인 식물로, 열매가 타원형이어서 구과목이라고 부른다.

했다.

나는 삼림경제 연구차 흑림(검은 숲) 지역인 슈바르츠발트의 양수 발전소를 탐방한 적이 있다. 인공 호수의 물은 관을 통해 골짜기 아래로 배출되고 동시에 터빈을 구동하여 전기를 생산한다. 네트워크의 전력 수요가 급증할 때 항상 이렇게 한다. 네트워크에 전력량이 너무 많으면 물을 다시 위로 퍼 올리고 에너지가 저장된다. 간혹 양수통이 비워지고 세척된다. 발전소장이 말하기를 이때 수천 톤의 물고기가 드러난다고 한다. 이 많은 물고기가 어떻게 여기까지 왔을까? 아주 간단하다. 우연히 오리의 깃털에 물고기의 알이 딸려 들어왔다. 그러다가 오리들이 자신들의 구역인 호수를 발견함과 동시에 이 눈먼 여행객들이 짐을 푼 것이다. 즉 알이 부화해 물고기가 나타났다.

이제 인간만이 외래종 생물을 유입하지 않았다는 사실을 알게 되었을 것이다. 동물과의 차이가 있다면, 글로벌 무역과 여행 시대를 사는 인간이 클락 레이트*를 너무 높여 놓아서, 자연이 이 속도에 맞추기 힘들다는 것이다. 여기에서는 글로벌 무역이 키워드다. 글로벌 무역은 1492년 콜럼버스가 아메리카 대륙 항해를

* clock rate, 컴퓨터 내부의 각 회로 간에 처리의 보조를 맞추기 위한 템포.

시작한 이래 급증했기 때문에, 그해 이후 유입된 종은 외래종으로 간주한다.

독일연방자연보호청BfN에 의하면 이후 3천여 종의 동식물 및 균류가 이곳에서 고유종이 되었다.[49] 감자 · 옥수수 · 호박 등 계획적인 수입 재배 작물도 여기에 들어간다. 이러한 재배 작물은 자연 상태에서는 아무것도 하지 못한다. 유럽에서는 인간의 농경 행위가 뒷받침되지 않으면 버틸 수 없다. 하지만 수입 작물이 800여 종에 달할 경우 상황은 완전히 달라진다. 라쿤 · 너구리 · 시베리아 다람쥐는 동물의 왕국에서는 해를 끼치지 않는 동물에 가깝다. 신발에 딸려 들어오는 균류의 포자 또는 아무데나 쏟아버린 지렁이가 숲에 훨씬 큰 변화를 준다는 것에 대해서는 이미 설명했다. 이 모든 것은 동물의 이동을 통해 쌓여간다. 이러한 이동은 자연에서 유래한 사건이지만, 우리가 자연경관을 너무 많이 바꾸어놓았기 때문에 발생한 것이다. 홍개미는 원래 지대가 높은 북부나 산맥 지역에 서식하고, 침엽수림이 심겨져 있을 때만 그곳에 정착한다. 이런 곳에 가면 솔잣새를 볼 수 있다. 솔방울만 찾아다니는 솔잣새는 독일의 너도밤나무 숲에는 친구가 없다.

최근 유럽과 전 세계 생태계는 '출처를 알 수 없는 생물'들이 마구잡이로 섞여 있다. (원치 않았던) 동식물의 세계 여행이 중단되자마자 새로운 형태의 자연으로 균형이 잡힐 것이다. 물론 이것이 자연에 어떤 의미를 갖게 될지 아직 아무도 예측할 수 없다.

이쯤에서 다시 거대 초식동물 이야기로 넘어가려고 한다. 물론 이들은 먼 옛날의 매머드나 털코뿔소처럼 거구는 아니지만, 지금도 숲을 활보하고 다닌다. 노루와 사슴이 그 주인공들이다. 최근에는 유럽들소, 말코손바닥사슴까지 합세했다. 이들은 개체수만으로도 그 옛날처럼 큰 영향을 끼친다. 현재 숲 1제곱킬로미터당 50마리가 살고 있으며, 이것은 원시림에 살던 거대 초식동물의 개체수보다 훨씬 많은 수치다. 이러한 '인구 폭발 현상'이 발생한 이유를 또 한 번 설명하기 전에 잠시 사냥이라는 주제를 다루고 넘어가려고 한다.

수렵은 개체수 과잉을 통제하기 위한 수단으로 여겨진다. 나 역시 오랫동안 이 접근 방식을 지지해왔다는 사실을 인정한다. 연구를 통해서도 이미 우제류 개체수가 많을 때 재앙과 같은 결과를 초래한다는 사실을 공식적으로 발표한 바 있다. 독일어 사냥용어로 발굽을 'Schale'라고 하는데, 우제류를 뜻하는 'Schalenwild'는 발에 딱딱하게 갈라진 곳Hornklauen이 두 개 있기 때문에 붙여진 명칭이다. 우제류에 속하는 동물로는 멧돼지 · 사슴 · 노루가 있다. 특히 사슴과 노루는 나무를 좋아해서 산림감독관에게는 걱정거리다. 순식간에 새싹은 물론이고 나뭇잎과 수피마저 이 녀석들의 배 속으로 사라진다. 문제는 개개의 나무에만 영향을 끼치지 않는다는 점이다. 이 녀석들은 특히 참나무 · 너도밤나무 · 단풍나무처럼 개체수가 적은 수종을 즐겨 먹는 반면 소나무 · 독일가문비와 같은 침엽수, 즉 바늘잎을 가진 나무들은 거들떠보지도 않는다. 독일에서는 고유종인 너도밤나무와 참나무가 훨씬 잘 자랄 수 있는 조건임에도 넓은 면적에 퍼져 있지 않다. 이 나무들은 노루와 사슴 들에게 끊임없이 뜯어 먹히기 때문에 언젠가 생존 경쟁에서 질 수밖에 없다.

야생동물에게 총을 겨누는 것 외에 활엽수 개체수를 조절할 수 있는 방안이 없을까? 나는 오랫동안 이런 상황을 지켜봐왔고 이 방안을 강력하게 지지했다. 물론 불편한 마음을 떨쳐버릴 수 없었다. 수렵은 무척 야만적인 행위다. 이런 확신이 있음에도 몇몇 동물은 총을 맞고 몇 시간, 심지어 며칠 동안 심한 상처로 고통받아야 했다.

그사이 내 생각은 완전히 달라졌다. 어떠한 이유든 간에 동물에게 총을 겨누는 행위는 금지되어야 한다! 이 경우 틀림없이 스라소니와 같은 맹수들이 숲에 더 많이 나타날 것이고, 굶주린 맹수들은 멧돼지와 사슴과 노루를 잡아먹을 것이다. 물론 이것만으로 개체수 과잉 상태를 진정시킬 수는 없다. 가장 좋은 방법은 사냥꾼들이 늑대 개체수가 많은 지역에서 사냥하도록 허가해주는 것이다. 사람들의 우려와 달리 동물들 사이의 경쟁은 일어나지 않을 것이고, 총을 든 사람에 비해 사냥감은 감소할 것이다. '작센 늑대 연락사무소'는 늑대의 귀환 후 야생동물 개체수에 변화가 없는 이유를 '회색 사냥꾼들', 즉 늑대 때문이라고 보고하고 있다. 이 기관의 공식 통계에 의하면 동물 사살률은 감소하지 않았다고 한다.[50] 늑대로 말미암아 야생동물이 멸절되지도 않았고 개체수도 조절되지 않았다는 것이다.

내 책 《자연의 비밀 네트워크》를 읽은 독자는 살짝 헷갈릴 수도 있다. 이 책에 나왔던 옐로스톤국립공원의 훌륭한 사례가 기억나는가? 옐로스톤공원에 늑대가 나타난 것만으로 강 전체 생태계에 긍정적인 변화가 일어났다. 늑대가 없는 수십 년 동안 와피티사슴(영어로는 엘크) 떼들이 나무를 뜯어 먹으면서 주변 환경이 초토화된 상태였다. 그런데 회색 사냥꾼들이 귀환하자 와피티사슴들은 겁을 먹었다. 와피티사슴들이 강가에 가는 걸 꺼리면서 주변 환경은 다시 푸르러졌다. 나무와 함께 비버, 물새가 돌아왔다. 이곳 독일에서도 충분히 일어날 수 있는 일이다. 옐로스톤국립공원은 약 1만 제곱킬로미터 규모의 거대한 야생보호구역이다. 훼손되지 않은 이 생태계에서 인간은 아무런 방해도 받지 않는다. 숲 · 호수 · 강 · 메마른 대초원의 풀로 뒤덮인 자그마한 땅에서 먹이사슬이 형성된다. 먹이에 의존하여 살아가는 동물의 개체수가 먹이를 결정한다. 산림 경영으로 관리되지 않은 숲의 토양은 척박하다. 여름에 풀과 잡초만 조금 자랄 뿐이다. 이런 환경에서 살 수 있는 와피티사슴과 같은 거대 초식동물의 1제곱킬로미터당 개체수도 그만큼 적다.

반면 독일의 자연경관은 뜨개질해놓은 카펫에 비유할 수 있다. 우리가 숲이라고 부르는 것은 사실 거대한 농촌 경관에 삽입된 천 조각에 불과하다. 이러한 농촌 경관은 생태학적 사막일 수도 있다. 물론 사슴 · 노루 · 멧돼지의 먹이가 지천에 깔려 있다. 곡물 · 옥수수 · 유채 · 감자 등 모든 것이 야생동물들이 좋아하는 먹이다. 야생동물들은 새끼를 키우기 위해 특히 많은 에너지가 필요한 시기인 여름을 가장 잘 넘겨야 한다. 반면 겨울에는 먹이에 대한 수요가 줄어들고, 노루 같은 야생동물들은 에너지를 절약하기 위해 낮에는 잠을 잔다. 그럼에도 이들에게 간혹 한 입 먹을거리가 필요할 때가 있다. 이럴 때 계속 도움을 주는 두 부류의 사람들이 있다. 사냥꾼과 산림감독관이다. 사냥꾼과 산림감독관은 원래 화해하기 어려운 사이이다.

산림감독관은 어린나무들이 야생동물에게 뜯기지 않도록 보호하려 한다. 노루가 맨 꼭대기에 있는 새싹을 먹어치우면 어린나무는 상처를 입는다. 물론 이 어린나무는 성목으로 자라더라도 나무줄기가 튼실하지 못하다. 야생동물에게 뜯어 먹힌 후에는 측면의 새싹들이 리더 역할을 하지만, 종종 자신의 임무를 완벽하게 해내지 못한다. 나무는 자신의 임무를 수행했지만 나무줄기는 구부정하다. 이런 나무를 받은 제재소에서는 이맛살을 잔뜩 찌푸릴 것이다. 구부정한 목재는 톱질을 해도 곧은 널빤지를 만들 수 없기 때문이다.

이런 이유로 국가 산림 행정에서는 본격적으로 사냥 단체에 유해한 포유동물을 최대한 많이 사살하도록 압력을 넣고 있다. 가장 흔히 볼 수 있는 우제류인 노루의 경우 어느 정도까지 효과를 볼 수 있었다. 수십 년 전부터 사살된 야생동물의 수가 계속 증가하고 있다. 이렇게 목숨을 잃은 노루의 수는 1980년 75만 마리에서[51] 2018년 120만 마리로 증가했다.[52]

이제 동물의 세계에 대해 불안함을 느낄 때가 되지 않았는가? 숲을 위한다는 이유로 야생동물을 지나치게 많이 사살할 경우 목숨을 잃은 동물들이 적색목록*에 오를 날이 오지 않을까? 절대 그렇지 않다. 오히려 정반대다. 사살된 야생동물 종의 경우, 특히 개체수가 늘어났다. 사냥 구역 동물 수를 일정하게 유지하기 위해 밖으로 모습을 드러내게 하려면 곳곳에서 먹이를 주어야 한다. 당사자들은 먹이가 더 많을수록 야생동물 개체수가 증가한다는 사실을 잘 알고 있기 때문에 모든 것을 다르게 표기했다.

야생동물 먹이주기를 전문용어로 '미끼'라고 한다. 미끼는 야생동물을 쉽게 사살하기 위해 꾀어내는 행위에 대한 공식적인 표현

* **Red List**, 멸종 위기에 놓인 야생 생물종의 목록. 세계자연보전연맹의 기준에 따라 생물종의 멸종 위험성을 절멸종 · 심각한 위기종 등을 포함 9가지 범주로 평가한다.

이다. 야생동물을 꾀는 데 필요한 먹이는 소량으로 충분하다(사람들은 직접 먹이를 주려고 하지 않는다!). 미끼를 놓는 장소 한 곳당 하루에 약 1킬로그램 정도만 있으면 된다. 사냥 구역마다 미끼를 더 많이 두기 때문에 매년 1제곱킬로미터당 1톤 이상의 먹이가 필요하다. 생태적 사냥연합 라인란트팔츠 지부에서 이것을 멧돼지 고기를 기준으로 환산한 결과 12킬로그램이었다. 이는 식용 고기 생산을 위해 대량으로 사육하는 데 필요한 것의 몇 배에 해당하는 양이다.[53]

이러한 미끼 없이 산림감독관과 관청에서 요구하는 사살률을 달성하기 어려웠을 것이다. 그 결과 야생동물 개체수도 다시 증가했다. 모든 종의 동물은 먹을 것이 풍부하면 번식률이 증가하는 것이 철칙이다. 먹이가 충분하지 않기라도 한 듯, 산림감독관들까지 나서서 야생동물에게 간접적으로 먹이를 제공하고 있다. 이게 웬 말인가! 이 문제에 대해서도 지난 몇 년 사이 나는 생각을 바꿀 수밖에 없었다. 물론 내 동료들처럼 나도 야생동물들에게 먹이를 주어야 한다고 강력하게 주장했다. 나는 숲 관리에만 눈이 멀어 엄청난 양의 먹이를 쌓아두었다. 이 사실을 폭로하자니 긴장되어 지금도 진땀이 날 정도다.

그런데 블랙베리가 내 생각을 바꾸어놓았다. 블랙베리는 영양가가 많아 노루와 사슴에게 좋다. 게다가 그 식물은 겨울에도 활동을 한다. 대부분의 토양 식물은 지하에 뿌리만 남겨놓거나 봄에는 잎이 달리지 않은 상태로 있다. 반면 블랙베리는 겨울에도 푸른 잎을 달고 있다. 초식동물에게 블랙베리는 먹을 것이 부족한 겨울을 나게 해주는 비상식량인 셈이다. 비상식량 덕분에 노루와 사슴은 추운 겨울에도 일정한 개체수를 유지할 수 있다.

산림감독관과 블랙베리는 대체 무슨 관계일까? 둘을 연결해주는 고리는 빛이다. 독일의 원시림은 나이 많은 너도밤나무의 수관이 촘촘하게 지붕처럼 막고 있어서 흙에는 햇빛이 잘 닿지 않는다. 이곳에는 풀도 잡초도 거의 나지 않는다. 기껏해야 거목이 한 그루 죽어서 그 틈새로 햇빛이 들어오는 몇 년 동안 다른 식물들이 섬처럼 고립되어 듬성듬성 자랄 수 있을 뿐이다. 산림 경영 차원의 정기적인 벌목으로 몇 미터 정도의 틈새가 생긴다. 그 틈새로 빛이 들어와 넓은 면적의 숲 토양이 푸르러지고, 화려한 풀과 잡초로 무성한 초원이 생성된다.

조림造林 때문에 뿌리가 손상된 채 대오를 갖춰 서 있는 나무들은 안정적이지 않다. 특히 독일가문비는 폭풍에 자주 희생당해 독일가문비 구역의 50퍼센트 이상이 원치 않는 개벌지가 된다. 일반적으로 개벌지는 최고의 야생 목초지다. 뜨거운 햇살 아래에서 박테리아와 균류가 부식토를 분해하고 풍부한 영양물질, 그중에서도 특히 슈퍼 비료인 질소를 방출한다. 이로써 토양 식생은 마치 거름을 잘 준 것처럼 영양 성분이 풍부해진다. 이곳에 다시 거대 초식동물이 나타나고 풀을 뜯으며 주린 배를 채운다.

산림 경영 차원의 간벌*이 얼마나 중요한지 내 관할 구역에서 학생들이 실시한 연구 결과가 입증한다. 노루와 사슴이 어린나무를 뜯어 먹을 경우 이웃한 너도밤나무 원시림 면적보다 120배나 넓은 개벌지가 생긴다. 처음 이 연구 결과를 접했을 때 나는 정기적으로 간벌을 해주면 야생동물 개체수가 꾸준히 증가한다고 생각했다. 당시 나는 되도록 많은 동물이 사살되도록 사냥을 강화해야 하는 것이 논리적인 해결 방안이라고 생각했다. 이렇게 되도록 관리하려면 해야 할 업무가 많았다. 그런데 대부분의 경우 야생동물 개체수는 감소하지 않았다. 위협을 느낀 노루들이 새끼를 한 마리가 아니라 두 마리씩 낳으면서 성비가 불균형해졌기 때문이었다. 수컷보다 암컷이 더 많이 태어났고, 번식률은 점점 높아졌다.

이제 나는 숲을 원시 상태에 가깝게 되돌려놓는 것이 최선의 방책이라고 생각한다. 독일의 고유종 활엽수는 폭풍에 쉽게 쓰러지지 않기 때문에 개벌지가 생성되지 않는다. 간벌을 적게 할수록 자연 상태의 바이오매스**가 더 많고, 나무 수가 많아지면서 숲은 더 울창하고 건강해진다. 그 결과 토양 생물의 수도 감소한다.

* 間伐. 나무들이 적당한 간격을 유지하여 잘 자라도록 불필요한 나무를 솎아 베어 냄.

** biomass. 특정한 시점에서 특정한 공간 안에 존재하는 생물의 중량 또는 에너지양.

그다음에 어떤 일이 벌어질까? 내 생각에는 넓은 면적의 사냥 구역이 사라질 것이다. 우리는 고래와 같은 해양 포유류 사살에 반대하면서, 육지에서는 시도 때도 없이 몸집이 큰 포유동물들에게 가혹하게 총을 겨눈다. 독일에서만 약 200만 마리의 노루 · 사슴 · 멧돼지가 사냥꾼의 총에 맞아 목숨을 잃는다.[54] 야생동물 개체수가 인간의 개입 없이 저절로 조절된다면, 먹이가 부족할 때 나무를 뜯어 먹도록 내버려둔다면, 사냥은 필요 없을 것이다. 종종 야생동물의 추가 식량원이라고 불리는 농경지는 겨울에는 농사를 짓지 않는 휴경지가 되기 때문에 야생동물은 먹이 부족 상황에 놓일 것이다.

나는 스위스의 도시 제네바가 하는 것과 같은 시도를 해보는 것이 중요하다고 생각한다. 1970년대 이미 제네바 시민들은 사냥을 금지하기로 결정했다. 늑대와 스라소니가 활동하면 대부분의 작은 활엽수가 아무 방해를 받지 않고 어미나무 그늘 아래에서 천천히 잘 자랄 수 있다.

사냥 금지 조치 이후 노루 · 사슴 · 멧돼지의 행동에 변화가 나타났다. 많은 사람이 노루 · 사슴 · 멧돼지는 야행성이라고 믿었다. 하지만 이것은 사실이 아니었다. 노루 · 사슴 · 멧돼지는 낮에 초원에서 자신의 모습이 드러나는 것을 겁냈다. 알다시피 두 발로 걸어 다니는 인간들은 낮에 가장 잘 볼 수 있기에 총도 잘 쏠 수 있다. 그래서 이들은 사람들이 잘 볼 수 없는 저녁이 되길 기다렸고, 울창한 숲에 머무르길 더 좋아하게 된 것이었다. 밤의 숲에서 이들은 굶주리지 않아도 되었고, 먹을 것이 궁할 때는 어린 나무를 뜯어 먹었다. 이것은 산림감독관의 심기를 불편하게 만들었고, 산림감독관들은 새싹 관리에 더 집착하게 되었다. 한마디로 악순환이었다. 자연의 구성 요소에 의도적으로 개입하면 생태계 전체에 의도치 않았던 결과를 초래할 수 있다.

균류와 박테리아의 확산은 전 세계 무역과 여행이 어떤 영향을 미칠지 진지하게 고민하지 않은 결과다. 반면 사냥꾼과 산림감독관을 통한 야생동물과 숲 관리는 또 다른 성격의 문제다. 이 경우에는 국내 생태계를 잘 아는 두 종류의 사용자 그룹이 존재한다. 이들은 자연보다 자신들이 자연을 잘 통제할 수 있다고 믿는다.

때로는 우리에게 과거를 존중하는 마음이 부족하다는 생각이 든다. 나무와 자연이 우리의 문화적 삶을 위해 더 중요한 역할을 했던 그 시절 말이다.

14

나무 숭배 풍습에 얽힌 사연

내 관할 구역 인근 풍경에는 미헬스베르크 언덕이 우뚝 솟아 있다. 초록색 언덕 위를 하얀 예배당이 장식하고 있다. 이것은 주변 풍경을 돋보이게 해주는 화려한 장식은 아니지만 내 고향에서 이교도 풍습이 끝났음을 알려주는 표시다. 언덕에는 한때 나무들이 있었고, 나무 아래에 동물 제물이 바쳐졌다. 이 전통은 오래, 아주 오래 지속되었다.

내가 오래된 너도밤나무 사이를 무거운 발걸음으로 걷고 있을 때 한 남자가 나무 사이에서 무언가를 찾으며 돌아다니고 있었다. 아이펠에는 평일에 산림감독관이 홀로 숲을 지키기 때문에 그 사람이 내 눈에 바로 띄었다. 나는 남자에게 다가갔고 다행히 그의 신원을 확인할 수 있었다. 고고학 유적지 관리청 직원이었던 그는 내 관할 구역의 과거에 관한 몇 가지 이야기를 들려주었다. 그는 우리가 숲을 되찾았을 때 나타날 고대 로마의 공급로를 찾던 중이었다. 그는 나에게 낙엽층*에 희미하게 남아 있는 2천 년 된 길의 흔적을 보여주었다.

'로마의 길'이라고 이름 붙여진 오래된 이 숲길은 정말 로마인들이 만들었을까? 아니다. 그는 그렇게 단순하게 답할 문제는 아니지만 단호하게 아니라고 말했다. 실제로 독일 남부 지역 사람들이 이 길을 사용했다고 할지라도 다른 사람들이 닦아놓은 길일 것이라고 한다. 이 흔적은 희생 제사를 지냈던 산, 즉 미헬스베르크로 통하는 길이었다.

지금으로부터 약 1만 년 전 이 지역으로 사람들이 이주해왔다. 이들에게는 오래된 나무가 있는 '둥근 언덕'을 숭배하는 풍습이 있었다. 이교도를 물리치고 기독교가 승리하면서 미헬스베르크의 용도는 변했다. 대부분의 선교지처럼 기독교 성직자들은 오래된 나무를 베어버리도록 했고 희생 제사를 올렸던 자리에는 예배당을 지었다. 이후 오랜 풍습을 지키기 위해 옛 장소인 이교도 예배지를 찾는 사람들은 어쩔 수 없이 기독교 성지도 순례해야 했다. 기원후 800년 무렵 마지막으로 희생 제물을 올리기 위한 불이 붙여진 이후 이교도 의식은 사라졌다. 하지만 완전히 자취를 감

* 落葉層, 지표면 가장 윗부분의 유기물 층.

춘 것은 아니었다.

태곳적의 나무 숭배 사상은 지금도 남아 있다. 예를 들어 이탈리아 바실리카타주에 있는 수천 년 된 신령한 나무는 석기시대의 것으로 추정된다. 나무 숭배는 725년에 금지되었으나 계속 이어졌고, 당시 널리 전파되고 있던 기독교 신앙에 흡수되었다. 의식의 하이라이트는 나무들의 결혼이다. 하지만 이것은 전통적인 의미의 결혼이 아니다. 복잡한 의식 후 거대한 나무는 중요한 일을 또 치러야 하기 때문이다. 부활절이 오기 전 일요일에 전문가 집단은 신랑을 찾기 위해 숲으로 출동한다. 참나무만 신랑이 될 수 있고 키가 크고 곧게 자란 것이어야 한다. 이날 전문가들은 신랑이 될 나무에 표시를 해두고, 일주일 후 다른 지역에서 신부를 찾는다. 신부의 수종은 항상 상록수, 즉 침엽수 또는 유럽호랑가시나무여야 한다. 이때 아름다움을 평가하는 기준은 화려하고 형태가 균일한 수관이다.

두 나무는 예수 승천일(부활절 후 40일째 되는 날)에 죽는다. 이때 두 나무가 베어지기 때문이다. 황소들이 나무의 몸통을 끌고 마을로 이동하고, 이곳에서 두 나무는 결혼식을 치른다. 호랑가시나무가 참나무의 몸통에 접목接木되고 단단히 묶인다. 이제 두 나무는 한 나무처럼 움직인다. (이제는 관광객들도 함께하는) 이 행사는 주민들이 활발하게 동참한 가운데 정해진 의식에 따라 천천히 치러진다.[55]

물론 다른 지역에도 유사한 전통에 뿌리를 두고 같은 풍습을 지키는 곳이 있다. 그래서 많은 곳에 '5월의 나무Maibaum'가 세워진다. 이따금 한 그루가 아니라 여러 그루가 세워지기도 한다. 내 고향 아이펠, 본 주변 지역에는 이런 나무가 수없이 많다. 이 나무를 받는 사람은 젊은 처녀들이다. 총각들은 자신이 마음에 둔 처녀에게 선물할 나무를 구하기 위해 5월 1일 밤에 숲으로 떠나야 한다. 그리고 숲에서 나무 한 그루를 훔쳐온다. 겁이 많은 총각들은 산림감독관이나 지역 청년연합회에 돈을 지불하고 나무를 산다. 이들에게는 이 시즌이 대목인 셈이다. 돈이 지불되지 않은 나무는 이른 아침 몰래 연합회 회원들이 다시 가져간다.

이 지역에서는 추운 날씨 때문에 아직 싹도 틔우지 않은 자작나무만 '5월의 나무'에 적합한 수종으로 여긴다. 총각은 자신이 청혼하려는 아가씨의 집에 종이 리본으로 장식된 자작나무를 보낸다. 요즘에는 '5월의 나무'를 승용차의 트렁크에 실어 나르기도 한다.

나도 아내 미리암에게 이런 자작나무를 여러 그루 보냈다. 물론 나무를 보낼 때마다 장래의 장인어른께서 흡족해하셨던 것은 아니다. 나는 자작나무를 찾으려고 친구들과 진치히Sinzig 숲을 해매고 돌아다녔다. 우리는 손전등 불빛 아래에서 무딘 도끼로 두꺼운 나무줄기를 베었다. 나무는 큰 것이어야 했다. 아니 인근에서 가장 큰 나무라고 하는 편이 정확할 것이다. 실제로 나무의 키는 건물 1층보다 더 크고 대략 처마의 빗물받이 홈통 정도 높이였다.

다음 날 바람이 불자 자작나무는 처마의 빗물받이 홈통 쪽으로 쓰러졌다. 물론 나는 그런 일이 일어나리라고는 생각지 못했다. 빗물받이 홈통과 나무를 허술하게 묶어서 벌어진 일이었다. 찌그러진 빗물받이 홈통과 장인어른의 못마땅한 눈초리를 보니 양심의 가책이 느껴졌다. 다음 해 여름 이 일은 잊혔고 나는 또 다른 나무를 보냈다.

이 모든 행동에 어떤 심오한 의미가 있을까? 젊은 청년들은 자신이 사랑하는 아가씨에게 사랑의 징표로 나무를 주려고 했다. 이 전통에는 태곳적 의미가 담겨 있고 오늘날의 풍습에 담긴 의미도 크게 다르지 않다. 아무 이유 없이 '5월의 나무'가 기쁨의 달 5월에 세워지는 것이 아니다. 독일어로 5월을 마이Mai라고 하는데, 이 명칭은 로마신화에 등장하는 봄의 여신 마이아Maia에서 유래했다.

몇 년 후 나는 이 풍습과 관련해 나는 아주 색다르고 스릴 있는 경험을 했다. 이것은 또 다른 짜릿함이었다. 이제 산림감독관에게 잡히지 않길 바라는 신세가 아니기 때문이다. 수 년 동안 나는 5월 1일이 오기 며칠 전 내 관할 구역에서 젊은 남성들에게 무서운 존재였다. 자작나무는 가장 먼저 넓은 면적의 노지에 정착하는 중요한 활엽수종이다. 그런데 내가 관리하는 숲에도 이런 노지가 있다. 1990년 태풍 비비안Vivian과 비브케Wiebke로 수만 그루의 독일가문비가 쓰러지면서 생긴 것이다. 당시 동료들이 독일가문비 숲이 초토화된 지역에 난 풀을 잡초라고 생각했다. 동료들과 관점이 달랐던 나는 공짜로 숲을 재조성할 수 있는 기회를 얻게 되었다고 기뻐했다. 물론 당시 나는 침엽수에 관해 더 많이 알려고 하지 않았다. 태풍이 휩쓸고 간 지 15년이 지난 지금, 아름답고 작은 자작나무 잎들이 바람결에 흔들린다. 자작나무는 '5월의 나무'로 완벽한 수종이다. 나 역시 자작나무를 보면 청년 시절이 떠오른다. 그래서 마음속으로 이런 다짐을 했다. 내 관할 구역 마을의 청년들이 밤에 방해받지 않고 '자작나무 사냥'을 할 수 있도록 그들을 감시하지 않겠다고 말이다. 하지만 이웃 마을에서 10유로 정도의 수수료를 지불하고 허가증을 구입하게 해주는 것이 어떻겠느냐고 물어왔다.

다른 나라의 풍습을 살펴보면 알겠지만, 독일과 이탈리아의 오래된 나무 숭배 제단에만 나무가 있는 것은 아니다. 예를 들어 키프로스섬의 '성스러운 솔로몬 동굴' 앞에는 수건이 주렁주렁 매달린 피스타치오나무 한 그루가 있다. 이곳 사람들은 이 나무에 묶어 놓은 천 조각이 눈병을 치료하는 데 도움이 된다고 믿는다.[56]

아일랜드 · 스코틀랜드 · 콘월의 켈트어 사용 지역에는 '클로티웰Clootie Well'이라는 우물이 있는데, 이 옆에 나무 한 그루가 있다. 키프로스섬처럼 이곳의 나무에도 헝겊으로 된 줄이 묶여 있다. 이 의식이 병을 고치는 데 도움이 된다고 하여[57] 이런 나무를 종종 '소망나무'라고도 한다.

기독교 문화권에는 '부활절 불' 의식이 널리 퍼져 있다. 부활절 불은 마지막 남은 게르만 의식으로, 여기에는 나무 숭배 사상 외에 불 의식이 포함되어 있다. 기독교화와 함께 게르만족의 전통적 유산이 계승되어 부활절 이전에 치르는 행사에 흡수되었다. 부활절의 불이면서 고대 게르만의 자연숭배 사상에서 타오르던 불빛인 셈이다.

최근 자연과 더 많이 결합하고자 하는 강한 동경, 심지어 지난 수십 년 전부터는 자연숭배 신앙에 대한 동경이 강렬하게 일어나고 있다. 하지만 우리는 여전히 극도로 합리적이고 학문적인 태도를 보이고 있다. 대형 교회의 성도 수가 줄어드는 현상이 이를 입증한다. 자연과 다시 가까워지기 위해서는 철학의 길을 걸어보는 것이 도움이 될 수 있다. 내가 철학에 관해 아는 것이 많지 않기 때문에 전문가와의 대화를 통해 다뤄보려고 한다.

15

동물과 식물의 경계가 허물어지다

2018년 독일 남부 지역의 유력 일간지 〈쥐트도이체 차이퉁Süddeutsche Zeitung〉에서 식물에 관한 책을 쓴 이탈리아 출신의 철학자 에마누엘레 코치아Emanuele Coccia와의 대화에 관심이 있는지 의견을 물어왔다. 나는 다양한 분야의 학자들과 교류하는 것을 좋아하기 때문에 이 제안을 수락했다. 이것은 잘한 결정이었다. 코치아는 내게 전혀 다른 관점으로 나무를 볼 수 있는 눈을 열어주었다. 이 관점은 한편으로는 내 생각에 확신을 심어주는 반면, 다른 한편으로는 더 많은 성찰을 하게 해주었다.

나는 대화를 준비하기 위해 출판사에서 에마누엘레 코치아의 저서 《세계의 뿌리Die Wurzeln der Welt》를 받았다. 책 속에 그의 모든 생각이 담겨 있었다. 이 책은 살아 있는 세계에 대한 우리의 관점을 완전히 뒤집어놓았다. 그는 세계의 구조에서 식물을 가장 상위에 두고, 인간을 가장 하위에 두었다. 최근에 나도 이 주제를 집중적으로 다룬 적이 있다. 나는 자연에서의 서열, 중요도 또는 우월성에 대해 순위를 매기는 행위가 낡은 관점이라고 생각했다. 우리 주변의 다른 생물들이 우리보다 더 미개하고 어딘지 모르게 미숙하게 보일 수 있기 때문이다. 나는 인간이 만물의 영장으로 표현되고, 동물의 왕국에서 우월한 존재와 열등한 존재를 구분하고, 식물을 의존적인 존재로 끌어내리는 태도가 오래전부터 불쾌했다.

코치아와의 대화는 생각보다 훨씬 신선했다. 그는 〈쥐트도이체 차이퉁〉의 취재기자, 사진기자와 함께 숲 아카데미를 방문했다. 덥수룩한 수염에 키가 작았고, 산길 걷기에 전혀 적합하지 않은 파란색 양복에 파란색 격자무늬 넥타이 차림이었다. 이미 함께 숲길을 걷기로 서로 합의했는데도 말이다. 그는 개성이 강한 괴짜 사상가로, 자신이 입은 옷으로 그런 개성을 표현하는 걸 좋아했다. 프라이부르크에서 유학과 직장 생활을 한 덕분에 독일어를 유창하게 구사했다.

우리는 먼저 커피 한 잔을 마신 후 나무와 식물에 관한 보편적인 생각을 나눴다. 코치아는 우리의 생물학적 질서는 과학적으로 규명이 불가하다고 주장한다. 그에 따르면, 이 생물학적 질서는 신학적 특징을 지니고 있으며, 그것은 인간이 환경을 주관해야 한다는 가치관에 의해 지배된다. 수세기 전부터 우리에게는 모든 것을 일일이 분류하려는 욕망까지 생겼다고 한다. 이 두 가지 요소가 합쳐져 인간은 상위에, 동물은 중간에, 식물은 최하위에 두는 서열 구조가 형성되었다. 나는 푹 빠져 그의 말을 경청했다. 코치아는 나에게 어떤 형태로든 평가하지 않고 분류하는 것도 질서가 될 수 있다고 말했다. 그의 관점에서 살아 있는 세계에 대한 현재의 질서는 과학적 질서가 아니라, 문화역사학적 · 종교적으로 규정된 서열 구조에 가깝다. 그는 동물과 식물 사이에는 엄격한 경계가 존재하지 않는다고 본다. 그의 관점에 의하면 식물에게도 감각과 생각하는 능력이 있기 때문이다. 곧 알게 되겠지만 코치아 외에도 이런 주장을 하는 학자가 존재한다.

식물의 특성을 기준으로 서열화하는 관점을 버리고 식물에도 감수성이 있다는 새로운 통찰을 수용할 경우, 보수 과학계의 반발에 부딪힐 것은 물론이고 또 다른 감정적 문제가 발생할 것이다. 이러한 사고를 갖고 있을 때 받는 전형적인 질문이 있다. 대체 우리는 무엇을 먹어야 할까? 육식주의자들은 채식주의자들을 향해 고소하다는 듯 비아냥거리고 싶은 마음을 억누를 수 없을 것이다. 식물에 대한 혁신적 관점대로라면 채식 역시 살아 있는 생명을 죽이고 음식을 섭취하는 셈이다. 코치아는 우리는 모럴의 영역에 있기 때문에 도덕주의moralism는 과학의 최대 적이라고 말한다. 그래서 기초 연구는 이것으로부터 어떠한 평가도 도출하지 않고 무언가를 밝히는 것이다. 지난 수십 년 전부터 이뤄진 동물 사육을 위한 평가를 통해 알고 있듯이 이러한 평가는 정치적 논의의 사례가 될 것이다.

물론 고유한 세계관이 끼칠 영향과 관련해 많은 것이 두려움을 자아낸다. 그래서 최근 식물과 식물이 가지고 있는 능력이 비의秘儀 또는 비교秘敎라는 개념에 빗대어 평가 절하되고 있다.

바로 이런 관점이 우리가 숲과 나무에 진정으로 가까워지는 것을 방해한다. 내 머릿속의 작은 남자가 계속해서 '신비주의적 관점이야!'라고 외쳐대기 때문이다. 그래서 내 책《자연의 비밀 네트워크》도 처음에는 비의 또는 비교의 카테고리로 분류되었다. 오로지 사실만으로 집필한 책인데도 말이다. 아마 비과학적인 것처럼 느껴지는 내 문체 때문에 그렇게 된 듯하다. 내 문체는 산림 전문가들이 보기에도 지나치게 감상적이어서 진지하지 못한 것처럼 비쳐졌다. 다행히 내 관점과 스타일에 대해 닫혀 있던 빗장이 서서히 풀렸다. 이것은 많은 대학의 노력이 결실을 맺은 덕분이기도 했다. 현재 대학에도 학술 연구 결과를 언론 기사화 등을 위해 일반인도 이해하기 쉽도록 구어체로 풀어달라는 요청이 점점 늘어나고 있다. 그래서 대학 연구비 지원자, 이른바 국민도 학술 연구 결과를 함께 나눌 수 있었다. 그럼에도 이것은 여전히 망설이게 되는 과정이다. 학계에서 달갑게 받아들이지 않는 통찰은 '신비주의적 관점'이라는 딱지가 붙어 폄하되기 십상이기 때문이다.

이 자리에서 비의(비교)라는 개념을 합리적으로 설명할 필요가 있는 듯하다. (독일어 사전인) 두덴Doden 사전에서는 '신비주의, 인지학, 형이상학적 가르침 및 접근 방식과 연관 지어 인간의 자기인식과 자아실현에 이르는 것'이라고 정의하고 있다. 다른 사전에서는 비교를 비종교적 방식의 영성이라고 정의하기도 한다.

여기에서 우리는 두덴 사전의 정의를 따르기로 하고, 이 개념을 낱낱이 파헤쳐보도록 하자. 초감각적 현상을 다루는 오컬티즘은 비교와 중복되는 면이 많아서 심지어 비교에 대한 동의어로 사용되기도 한다. 이렇게 정의를 내리는 과정에서 전형적인 오류가 발생한다. 동의어를 이용한 개념 설명은 설명이 아니라, 두덴 사전의 정의를 다시 한번 가볍게 훑고 지나가는 것에 불과하다. 인지학적 개념으로 접근하는 방법이 더 나을까? 물론 아니다. 이 개념은 인간과 관련된 초감각적 요소와 발달 과정을 포함하고 있기 때문이다. 그러면 남은 것은 형이상학적 관점이다. 물론 여기에도 증명이 불가한 영역, 감각으로 포착할 수 없는 영역이 포함되어 있다. 형이상학적 관점일 경우 '신은 존재하는가?' '누가 우주를 창조했는가?' 등의 개념은 철학적인 질문에 가깝지만 비교를 설명하는 데 큰 도움이 되지 않는다. 우리가 살고 있는 이 시대에는 오히려 욕설에 가까운, 영적이고 초감각적인 것 고유의 모호한 이미지만 남는다. 이러한 이미지가 비교와 정반대의 개념을 설명하기 위해 하필 전통적 연구 영역에서 사용되고 있다. 결국 이들은 어떤 것을 주장하되 주장하지 않고 있다. 혁명적인 연구가 서서히 인정받으며 기존의 가치 체계로 침투할 때 이러한 비판 수단이 종종 사용된다.

신비주의라는 용어는 우리가 상상조차 할 수 없는 많은 것을 평가 절하한다. 우리가 아직 상상할 수 없는 것은 특히 식물과 관련되어 있다. 이 분야에 매우 탁월한 사람이 바로 프란티섹 발루스카 교수다. 앞 장에서 나는 발루스카 교수를 만나기 위해 본대학교에 찾아갔던 이야기를 꺼냈다. 2018년 10월 그의 연구실을 직접 찾아갔을 당시, 발루스카 교수의 식물 연구에 대해 나는 매우 흥분된 상태였다. 잘 갖춰진 실험실 곳곳에는 식물들이 있고, 이 식물들은 값비싼 장비를 통해 모니터링되며 비밀이 조금씩 밝혀지고 있었다. 나는 그 비밀을 보길 원했다.

화창한 오후 나는 연구실 앞에 내 차를 주차했다. 곰팡내가 풀풀 풍기는 엘리베이터를 타고 4층에 있는 그의 연구실로 갔다. (발루스카 교수의 이메일에 의하면) 엘리베이터 오른쪽 나무 계단을 지나오면 사무실이 있다고 했다. 통일성 있는 회색 톤의 전형적인 연구실 공간은 오른쪽의 나무 계단을 지나고도 멀리 떨어진 모퉁이의 거대한 복합 건물에 있었다. 작은 복도 위에서 발루스카 교수가 나를 보더니 강한 슬로바키아 억양의 독일어로 인사했다. 그는 나를 회의실로 안내했고 우리는 커다란 원형 테이블에 나란히 앉았다. 나는 매우 긴장했다. 나무를 주제로 한 내 책에 발루스카 교수의 논문을 인용했고, 세미나 등의 행사에서도 항상 그의 획기적인 연구 결과를 언급했기 때문이다. 그의 연구 결과는 너무 환상적이어서, 간혹 내가 그의 연구 결과를 정확하게 해석하고 일상의 언어로 옮겼는지 확신이 들지 않을 정도였다. 하지만 발루스카 교수는 이런 걱정을 해결해주었다.

첫 번째로 다룬 주제 가운데 하나는 식물의 통각이었다. 독일가문비가 나무좀의 공격을 받았을 때 아파한다고 말하면 동료들은 눈살을 찌푸리며 나를 정신 나간 사람 취급했다. "당연히 식물도 그럴 수 있습니다. 나무도 통증을 느낄 수 있습니다." 발루스카 교수는 내 질문에 이렇게 답했다. "모든 생물은 정확한 반응을 하기 위해 통증을 느낄 수 있어야 합니다!" 그는 식물에게 통각이 있다는 것을 분자 영역에서 확인할 수 있다며 자세히 설명한다. 동물처럼 식물도 통증을 완화할 수 있는 물질을 생산한다는 것이다. 그는 통증이라는 감각, 즉 통각이 존재하지 않는다면 이런 메커니즘이 필요한 이유를 아직 밝혀내지 못했을 거라고 한다. 그리고 그는 새로운 발견을 기다리고 있다고 한다. 남아메리카에 서식하는 덩굴 식물은 자신이 받침대 삼아 타고 올라가는 나무나 덤불에 맞춰 가며 자란다. 그래서 덩굴 식물의 잎은 기둥 식물의 잎과 생김새가 비슷하다. 그렇다면 이 과정은 화학물질에 의해 제어된다고 추론할 수 있다. 덩굴 식물은 덤불의 향기 물질을 받아들이고 유전자에 프로그래밍이 된 대로 잎의 형태를 변형한다. 지금까지 알려진 잎의 형태는 세 가지다. 한 연구자가 이 점에 착안하여, 플라스틱 식물에 플라스틱 잎을 달고 식물 카멜레온을, 즉 덩굴 식물을 올려놓았다. 그랬더니 덩굴 식물의 잎이 플라스틱 식물의 잎과 유사해졌다. 프란티섹 발루스카는 이것이 식물에게 시각이 있다는 명백한 증거라고 주장한다. 그렇지 않다면 어떻게 덩굴 식물이 이런 형태를 가질 수 있었겠는가? 이 경우 기둥 식물에서 흘러나오는 화학 전달물질, 즉 두 식물 사이에서 전기 신호가 발생한다. 그는 이 현상을 한 단계 더 발전시켰다. 모든 식물이 시각을 가질 수 있다는 것이다.

지금까지 나는 나무가 명암을 구별할 수 있다는 것만 알았다. 자작나무와 참나무의 경우 수면 행동에 관한 연구가 진행되어왔다. 너도밤나무의 경우 낮의 길이를 측정할 수 있다. 이 모든 과정이 진행되려면 빛 수용체가 필요하다. 빛 수용체는 빛 신호를 나무에 전달해 나무가 신호에 맞춰 행동하게 만든다. 나는 식물이 이런 것들을 정확하게 포착하고 여기에 맞춰 행동한다는 것에 깜짝 놀랐다. 식물의 시각은 형태나 색채를 인식하는 우리의 시각과는 거리가 멀다.

발루스카는 나뭇잎의 가장 바깥층, 즉 큐티쿨라에 관한 연구 결과를 나에게 보여주었다. 대부분의 식물에서 큐티쿨라는 아주 투명하다고 한다. 그런데 당을 생산하기 위해 빛을 모아놓기 위한 목적만 있다면 큐티쿨라가 존재해야 할 의미는 없다고 한다. 그렇기 때문에 이러한 세포들에는 광합성을 담당하는 기관, 즉 엽록체가 갖춰져 있어야 한다는 것이다. 결국 대부분의 햇빛은 이곳으로 떨어진다. 당연히 나뭇잎의 깊은 층으로 들어갈수록 광합성 생성물은 점점 줄어든다. 물론 큐티쿨라는 투명해서 햇빛을 낭비한다. 이것뿐만이 아니다. 어떤 식물들은 큐티쿨라는 수정체와 같은 구조로 되어 있어서 빛을 모을 수 있다. 이런 경우에는 큐티쿨라가 인간의 수정체와 유사한 기능을 한다. 나는 이렇게 모인 빛 꾸러미는 광합성을 위한 목적으로만 사용된다는 건 논리에 맞지 않는다고 생각한다. 큐티쿨라는 빛을 그냥 통과시킬 수도 있기 때문이다. 빛 꾸러미 덕분에 빛은 큐티쿨라를 그냥 통과하지 않는다. 빛은 세포의 바닥 부분으로 초점을 맞추어 집중적으로 더 많이 내리쬔다.

잎은 눈의 대용물일까? 우리는 이런 생소한 사고에 적응할 필요가 있다. 나무가 매년 가을 묵은 나뭇잎을 떨어뜨리는 것을 '눈'을 규칙적으로 내다버리는 행동에 비유할 수 있기 때문이다. 그렇다면 나뭇잎은 일회용 눈이라는 뜻일까? 이것은 어느 정도 일리 있는 표현이다. 유럽의 기후 환경에서는 잎의 사용 기간이 대략 6개월이다. 몇몇 동물에 비하면 사용 기간이 상대적으로 긴 편이다. 예를 들어 파리와 같은 곤충은 자신의 눈을 한 달도 채 사용하지 못한다. 이유는 간단하다. 눈의 사용 기간이 수명과 일치하기 때문이다. 유충에서 탈피해 성충이 된 하루살이는 자신의 눈을 하루도 사용하지 못한다. 비록 사용 기간은 짧지만 제대로 된 눈이다.

나무의 경우 나뭇잎 세포가 전체 영양생장기*에 사용할 나뭇잎을 만들고 그 기간이 상대적으로 길다. 반면 우리 눈에서는 끊임없이 부분 복구가 진행된다. 한 예로 각막은 7일에 한 번 새로운 세포로 교체된다.[58]

식물이 통각을 느낀다는 것과 심지어 시각 능력을 갖추고 있다는 가설은 학계를 흥분의 도가니에 빠뜨릴 만한 사건이 아닌가? 이 질문에 대한 분위기는 다소 차분하다. 사실 나는 식물신경생물학이 유망한 분야라고 생각하고 있었다. 내 말에 발루스카 교수는 고개를 내저었다. "한때 독일은 식물신경생물학 연구 강국이었습니다. 하지만 현재 이 분야의 연구비 지원이 거의 끊긴 상태입니다." 사실상 이 주제를 집중적으로 연구하는 학자 중 발루스카 교수 외에는 연구비를 지원받지 못하고 있다고 한다. 이런 사정으로 식물신경생물학은 역사에서 두 번째로 잊힐 상황에 처

* 營養生長期. 한해살이풀이나 두해살이풀의 씨가 싹 터서 잎, 줄기, 뿌리 따위의 영양 기관이 자라는 기간.

했다. 다윈 시절에 식물신경생물학은 이미 한 번 잊혔다.

찰스 다윈은 식물의 뿌리를 연구했었다. 당시 그는 식물의 뿌리 끝부분과 동물의 기능이 유사하다고 주장했다. 뿌리에 '작은 뇌'가 있다는 뜻일까? 식물신경생물학 연구가 계속 진행되었다면 동물과 식물의 엄격한 구분은 다윈 시대에 이미 사라졌을 것이다. 100년 동안 이 분야 연구는 중단된 상태였고 한 번 재개될 뻔했다가 지금까지 아무 변화가 없이 그대로다.

1973년 최초로 이런 관점의 책이 발표되었다. 피터 톰킨스Peter Tompkins와 크리스토퍼 버드Christopher Bird의 《식물의 정신세계Das geheime Leben der Pflanzen》다. 이 책은 철저한 사실뿐 아니라 실험을 바탕으로 한다. 하지만 이 실험은 반복될 수 없었고 '신비주의적'인 것이라며 폄하되었다. 이 책에 무슨 내용이 쓰였는지는 상관없다. 어쨌든 이 책이 발표된 후 식물의 자극과 정보 처리에 관한 연구는 수십 년 동안 변방으로 밀려났다. 그 이유로 두 가지를 꼽을 수 있다. 첫째, 이 책이 수많은 의견 가운데 하나일 뿐이기 때문에 사람들의 관심을 끌 만큼 흥미롭지 못했을 가능성이 있다. 둘째, 학계에서 이런 성가신 분야는 쳐내기를 바랐기 때문일 수 있다.

프란티섹 발루스카 교수가 언급했듯이 이것과는 전혀 다른 문제가 또 있다. 신경 · 뇌 · 통증과 같은 현상에 관한 모든 연구가 인간을 우선적으로 생각하고 진행되었다는 것이다. 중요한 생물학 개념도 마찬가지다. 그래서 식물에게서 인간과 유사한 구조와 과정이 나타난다고 해도 이 개념을 식물에 적용하는 것은 학문적으로 옳지 않다는 것이다. 신경생물학이라는 개념은 동물을 위한 것이기 때문에 식물 연구에 관한 전문지는 〈식물신경과학Plant Neuroscience〉이 아닌 〈식물의 신호와 행동Plant Signaling and Behavior〉이라는 타이틀을 사용할 수밖에 없는 상황이라고 한다. 이 말을 듣자 나는 철학과 생물학의 네트워크를 더 강화할 필요가 있다는 생각이 들었다. 이 주제와 관련된 에마누엘레 코치아의 사상과 발루스카 교수의 주장이 일치하기 때문이다.

매일 우리 앞에 펼쳐지듯, 살아 있는 모든 것이 더 조화를 이루며 살기까지 가야 할 길은 멀다. 우리가 식물과 동물을 얼마나 엄격하게 구분하고 있는지 우리가 사용하는 표현에도 나타난다. 예를 들어 동물보호라는 개념을 살펴보자. 동물보호는 동물의 욕구를 법적이고 실질적으로 이행하는 데 도움이 되는 모든 조치를 일컫는다. 당연히 여기에 대량 사육은 포함되지 않을 것이다. 비좁은 축사 환경과 엄청난 수의 동물로 인해 발생하는 질병을 치료하는 데 필요한 약품도 포함되지 않을 것이다.

식물의 경우 전혀 다르다. 식물보호에는 식물이 보호받아야 한다는 의미가 포함되지 않는다. 사람들은 식물보호를 경쟁 관계에 있는 식생, 곤충 또는 균류로 인한 피해를 독한 화학물질로 방어하려는 모든 조치 등 기존 농업 체계의 일부로 이해한다. 글리포세이트*는 식물을 죽이는 임무를 훌륭하게 해내는 기적의 무기다.

또 다른 예로 벌목이 있다. 숲에서 벌목하는 행위가 어떤 언어로 바뀌어 사용되는지 간단한 사고 실험을 해보면 알 수 있다. 여러분은 미래에 도축업자를 동물 관리사라고 한다면 뭐라고 말하겠는가? 도축업자가 살아 있는 돼지와 소를 축사에서 꺼내오면 남은 동물들에게는 더 많은 공간이 주어질 것이다. 여러분은 이런 수작업도 동물 관리가 아니냐고 말할지 모르겠다. 이렇게 관리하면 동물들이 종의 특성에 맞게 성장하고 꾸준히 어린 동물로 교체되기 때문에, 건강 상태에 긍정적인 영향을 끼칠 것이라고 말이다. 이것이 이상하게 들리는가?

나는 도축업자들이 산림감독관들로부터 선전하는 법을 배워야 한다고 말하고 싶다. 나무는 코끼리처럼 몸집이 큰 포유동물과 마찬가지로 교감이 가능하기 때문이다. 대부분의 사람은 나무와 코끼리를 매우 조심스럽게 다루고 되도록 보호하려고 한다. 그래서 이런 존재들을 냉정하게 다루는 것을 죄라고 여긴다. 그런데 나무에 대한 가혹한 행위는 대수롭지 않게 여기는 듯하다. 입목

* glyphosate, 미국에서 개발된 제초제. 줄기와 잎에서 흡수된 뒤 뿌리로 이행하여 단백질합성을 저해한다.

수의 최대 20퍼센트를 벌목하고 (직설적으로 표현하면 나무를 죽이고) 가공하는 간벌에 대해 산림감독관들은 숲 보호라고 표현한다. 간벌로 생긴 여유 공간이 남아 있는 나무의 건강에 좋다는 것이다. 하지만 이 나무들에게 필요한 것은 더 많은 공간이 아닌 제 기능을 하는 사회 공동체다.

산림감독관의 명예를 회복하기 위해 이런 말을 하는 사람이 있다. 책을 만드는 데 필요한 종이도 나무에서 나온 것이니 우리 모두 간벌로 생긴 목재를 소비하고 있다는 것이다. 하지만 이를 위해 나무는 죽어야 하고, 누구도 나무가 죽기를 바라지 않는다. 이런 상황을 산림감독관들은 도축장 패러독스라고 한다(실제로 산림감독관들은 도축업자들에 비유되곤 한다). 많은 사람이 커틀릿을 즐겨 먹지만, 돼지가 고통받는 상황이나 도축 행위에 대해 직접적으로 맞닥뜨리는 것은 꺼린다. 지금까지 산림감독관들은 자신의 행위도 실제로 도살 행위와 다를 바가 없다는 것을 몰랐다. 산림 행정에는 특별한 선전이 아니라 다른 관점으로 자연을 이해하는 태도가 필요하다. 먼저 산림감독관들이 자신들이 자연을 보호하려는 사람이 아닌 자연을 이용하는 사람이라는 사실을 인정해야, 숲과 나무를 주제로 진정한 공개 토론이 이뤄질 수 있다.

자연을 파괴하지 않고 숲이나 자연을 사용할 수는 없다. 이제는 우리가 생태계에 얼마나 많은 것을 요구하고 있는지 깨달아야 한다. 아주 많은 것을 포기하는 것과 관련 있기 때문에 이것은 어려운 문제다. 우리가 나무를 적게 사용할수록 숲은 더 많이 보호받을 수 있다.

나도 숲 아카데미 팀과 함께 숲을 관리하고 있다. 물론 벌목을 한다. 그사이 우리는 그곳에서 자연을 위해서가 아니라 인간을 위해 좋은 일을 하고 있다는 사실을 깨달았다. 그럼으로써 자연을 최대한 적게 해치고, 긴급 상황일 때만 자연에 개입해야 한다는 교훈을 얻었다. 그래서 우리는 계획적으로 나무를 심지 않고 자연 상태 그대로 나무가 성장하도록 내버려둔다. 참나무와 너도밤나무와 같은 활엽수가 서어나무나 단풍나무와 같은 다른 종의 나무 무리들과 함께 자라도록 두는 것이다. 개벌이나 살충제 사용은 금지되어 있다. 중장비보다는 말을 우선적으로 사용한다. 나무가 자연보호 구역 면적의 최소 10퍼센트를 마음껏 차지하도록 둔다. 이런 원칙이 있다고 해도 나는 여전히 숲 관리자가 아닌, 목재 생산자다.

기존의 산림 경영과 원래 숲 생태계의 차이점을 생각할수록, 이러한 차이가 잘못된 이해에서 비롯되었다는 결론을 내릴 수밖에 없다. 보수적 관점의 산림감독관들은 생태계를 보호하고 관리를 통해 자연을 모방하거나 최대한 축소해야 한다고 믿는다. 이들의 생태계에 관한 관점은 또 다른 자연에 관한 철학, 즉 진화라는 개념을 바탕으로 한다. 진화는 찰스 다윈과 그의 동료들이 사용한 '적자생존'이라는 개념에서 유래한다. 여기서 적자생존은 모든 사람이 서로 싸우고 더 강한 자가 살아남는다는 의미가 아니라, 주어진 환경에 잘 적응하고 번식에 성공할 가능성을 뜻한다. 전혀 다른 의미다. 이를테면 자연에서 사회 공동체들이 성공할 수 있다는 의미도 담겨 있다. 나무나 늑대뿐만 아니라 인간에게서도 이런 특성이 나타난다는 것이 입증되었다.

적자생존은 '가장 적합한 존재가 생존하는 것'이라고 번역하는 것이 옳다(영어로 'to fit'는 '가장 강하다'가 아니라 '가장 적합하다'는 의미다). 쉽게 말해 현재 상황에 가장 잘 적응하는 종을 말한다. 그렇지 않으면 진화의 결과 항상 더 강하고 공격적인 존재만 살아남을 것이다. 이 표현에는 진화 이전의 종은 발달이 부진하다는 의미가 내포되어 있다. 실제로 진화 이전의 종은 당시 상황에는 가장 잘 적응한 존재였다. 자연은 끊임없이 흐르고, 대륙은 이동하고, 기후는 변한다. 따라서 새로운 종의 출현과 소멸은 향상되었다는 의미의 발전이 아니라, 새로운 환경 조건에 적응한다는 의미의 발전이다.

전에 나는 진화를 전혀 다른 관점으로 이해했다. 다른 종이 발달하면서 점점 완벽해져 인간과 같은 존재가 되는 것이라고 생각했다. 이런 낡은 사고방식은 인간이 만물의 영장이라는 사고에서 비롯된다. 이것은 과학적 관점에서 옳지 않다. 현재 이 의미는 종교적 · 문화적으로만 설명 가능하다. 우리는 많은 산림감독관처럼 나무를 이미 잘못된 관점으로 대하고 있다.

나무는 다른 종들과 싸워야 할 뿐만 아니라 같은 종 내에서도 빛 · 물 · 영양물질을 얻기 위해 싸워야 한다. 손상되지 않은 숲을 찾으려는 이 싸움에서 산림감독관들은 경제림*을 조성하는 등 자연에 개입하고 있다. 산림감독관은 스스로를 심판관이라고 생각할지 모른다. 나는 이들로부터 독일의 숲이 산림감독관의 관리 없이 살아남을 수 없다는 말을 자주 들어왔다. 이에 대해 한마디 하고 넘어가야겠다. 나무는 3억 년 전부터, 현생인류는 30만 년 전부터 존재해온 반면, 산림 경영을 통해 숲을 통제해온 역사는 이제 겨우 300년이다. 숲은 대부분의 시간을 인간 심판관 없이 잘 견뎌왔다. 나무들은 서로 다툴 마음이 없기 때문이다.

에마누엘레 코치아가 이런 말을 했다. 지난 100년 동안 나무들끼리 서로 싸우며 큰 전쟁을 치러야 했던 상황이 유감스러울 뿐이라고 말이다. 코치아는 자연은 전쟁을 치러야 할 대상이 아니라 우리와 연대를 맺어야 할 대상이라고 말한다.

이 말에 나는 더 이상 덧붙일 것이 없다.

* 經濟林, 목재 따위의 임산물을 이용하거나 이익을 얻기 위해서 가꾸는 삼림. 공용림供用林이라고도 한다.

16

인간 언어에 남아 있는 숲 언어의 흔적

인간과 숲의 밀접한 관계는 언어에서도 메아리친다. 첫 번째 연관성은 우리 손에 들린 책에서 나타난다. 여기서 나는 책이라는 제품이 아니라, 독일어로 책을 의미하는 'Buch'라는 단어를 말하는 것이다. 'Buch'라는 스펠링에서 어원을 미루어 짐작할 수 있고, 그림 형제가 퍼뜩 떠오르기 때문이다. 그림 형제가 만든 1860년판 《독일어 사전》에는 이미 고대 게르만 문자가 목판에 새겨졌다고 설명하고 있다. 이러한 목판은 주로 너도밤나무, 즉 'Buche'로 제작되었기 때문에, 이런 글자판의 재료로 사용된 수종의 이름이 목판을 의미하는 고유 명사가 되었다고 한다.

룬 문자*가 너도밤나무로 된 나무 막대기에 새겨진 것으로 보아, 이 명칭은 그림 형제 훨씬 이전부터 사용된 것으로 짐작된다. 너도밤나무 막대기, 아니 이제 너도밤나무Buche라는 단어의 철자**를 더 깊이 파헤쳐보자. 그러면 이 단어의 어원을 훨씬 더 명확하게 알 수 있다. 철자뿐만 아니라 그림 형제의 설명이 완벽하게 증명된 사실은 아니다. 다만 나는 모든 책이 숲에 대한 역사적 관점을 보여주고 있다는 생각이 훌륭하다고 여길 뿐이다.

'Buch(책)'라는 단어가 'Buche(너도밤나무)'와 철자까지 비슷한 반면, 'Treue(신의, 지조, 충성이란 뜻)'라는 다른 단어에는 어원이 훨씬 잘 숨겨져 있다. 이 개념은 나무, 구체적으로는 참나무에서 온 것이다. 참나무 목재는 단단하고 기상 변화에 대한 저항력이 강하다. 그래서 이 단어는 참나무처럼 인간관계가 굳건해야 한다는 비유적 의미로 사용된다. 'Treue'의 어원은 참나무를 뜻하는 인도게르만어의 'dreu' 또는 'dru'다. 이 단어가 변형되어 '진실한'을 의미하는 영어 단어 'true'가 되었고, 귀한 물건을 보관하는 딱딱한 나무 상자란 의미의 독일어 'Truhe'와 같은 단어에서도 그 흔적이 남아 있다.[59]

* 게르만족이 1세기경부터 쓰던 음소 문자. 덴마크어, 노르웨이어 등 여러 게르만어 계통의 언어들에서 17세기경까지 쓰였다.

** Buchstabe, 알파벳이란 뜻. Buch는 책, Stab은 막대기를 의미함. 현대어로는 책 막대기란 의미이지만, 고대에는 너도밤나무 막대기란 의미였을 것이라는 뜻.

숲에 의존하는 현상은 관용어구에서 뚜렷하게 나타난다. 요즘은 이런 관용어구의 유행이 지났지만 말이다. '사시나무처럼 떤다 Sie zittert wie Espenlaub'라는 표현에서 사시나무를 뜻하는 'Espe'와 'Aspe'는 독일어 'Zitterpappel'의 동의어다.* 사시나무 잎은 비틀린 나뭇가지에 달려 있어서, 아주 작은 바람에도 흔들린다. 이렇게 해야 햇빛을 더 많이 받고 당을 더 많이 생산할 수 있을 것이다. 어쨌든 다른 수종에서는 볼 수 없는 독특한 반응이다. 누가 사시나무의 떨리는 모습을 알고 있을까? 옛날 사람들은 심하게 떨고 있는 사람의 모습을 보면 바로 사시나무가 떠올랐고, 그것에 비유하는 것이 보편적인 일이었을 수 있다.

한편 오래된 지명에서도 숲의 흔적이 뿌리박혀 있음을 알 수 있다. '뿌리가 박혀 있다'보다는 '뿌리가 뽑혀 있다'는 표현이 더 적합할 것이다. 아주 먼 옛날 인간이 정착 생활을 시작하면서 집과 농경지를 마련하기 위해 숲을 개간했다. 8세기 중반만 하더라도 중부 유럽의 90퍼센트가 숲, 그것도 원시림이었다. 당시에는 아직 현재와 같은 산림 경영 체제가 존재하지 않았다. 인구 밀도도 낮았고 숲은 끝없어 보였기 때문에 숲을 관리할 필요가 없었다. 반면 농지 면적은 부족했기 때문에 자연을 거슬러, 즉 숲을 개간해 경작할 땅을 쟁취해야 했다. 나무줄기만 베어내는 것이 아니

* 'Zitterpappel'에서 Zitter는 '떨다'라는 뜻의 동사 'Zittern'에서 왔다.

라 뿌리까지 뽑아내야 했다. 사람들은 일일이 땅을 파내고 그 자리를 황소가 수레를 끌고 지나갔다. 이 작업 없이 쟁기로 밭을 갈 수 있는 구간은 몇 미터를 넘지 못했을 것이다. 따라서 우리 조상들이 지명을 통해 개간 또는 경작을 떠올리게 하려 했던 것도 당연한 일이다.

예를 들어 많은 지명에 개간 방식이 반영되었다는 사실을 확인할 수 있다. 나무의 뿌리를 뽑지 않고 나무만 베어 태워 없애는 것을 알프스 지역에서는 'schwenden(슈벤덴, '화전으로 개간하다'라는 뜻)'이라고 한다. 경작이 어려워 경작지로는 적합하지 않았지만, 이 방식으로 힘들이지 않고 방목지로 개간할 수 있었다. 'schwenden'이라는 동사의 흔적은 바덴뷔르템베르크주의 헤렌슈반트Herrenschwand, 바이에른주의 운터그슈반트Untergschwandt 등 주거지 명칭에도 남아 있다. 완벽한 경작지로 개간한 경우는 그 흔적이 오래도록 지명에 남았다. 변형된 형태가 'Bayreuth(바이로이트)'와 'Stockum(슈토쿰)'에 남아 있다. 그리고 'Stockum'에서 'Stock'은 벌목하고 남은 그루터기를 뜻한다.

지난 수십 년 동안 자연과 관련된 새로운 개념에 대해서는 보수학계가 승리했다. 감정은 버리고 기술적 설명만 남았다. 새로운 개념에서는 생명과 '생태계 서비스'의 경이로운 네트워크의 효과가 기술되고 있다. 이러한 개념 설명은 파라다이스보다는 수공예

장인의 실적 카탈로그와 같은 인상을 준다. 이것은 자연스레 내가 에마누엘레 코치아와 나눴던 대화로 이어진다. 모든 피조물은 인간에게 종속된 종으로, 사람들을 위해 봉사해야 하며, 서열 구조에 따라야 한다. 생명보호는 단지 우리의 행복을 지키기 위해서다.

겉으로는 그렇게 보이지 않을지도 모른다. 하지만 이런 어휘들은 여러분의 무의식에서 일어나는 그런(인간 우위의) 감정에 저항할 수 없다. 영국의 저널리스트 조지 몬비오George Monbiot는 이 상황을 아주 훌륭하게 묘사했다. 몬비오는 이렇게 말했다. 모세가 이스라엘 백성들에게 젖과 꿀이 아니라 포유동물의 분비물과 곤충의 토사물이 흐르는 땅을 약속했다면 이들이 과연 모세를 따랐을까? 그는 환경보호 운동을 더 활성화시키려면 우리 마음에 감동을 주는 다른 언어와 다른 개념을 사용해야 한다고 주장한다.[60]

최근 논의에서 로비스트들이 악용하는 전형적인 사례가 보호구역이다. 공개석상에서 국립공원으로 지정되어야 하는 숲을 '폐쇄되었다'고 표현한다. 이 '폐쇄'라는 단어는 우리 머릿속에서 어떻게 작용할까? 이 단어를 들으면 고물차량 차고지처럼 숲이 우리에게 더 이상 필요하지 않다는 이미지가 떠오른다. 폐쇄된 것은 더는 사용할 수 없다. 사물은 그럴 수 있어도, 살아 있는 생명체인 숲은 인간이 폐쇄할 수 있는 대상이 아니다. 이제 이 말의 참뜻이 명확해졌을 것이다. 더 이상 숲의 나무를 벌목하면 안 된다는 것이다. 실제로 가동이 중단될 수 있는 것은 중장비와 전기톱이다. 반면 인간이 원래 표현에 담긴 뜻대로 되길 간절히 바란다면 새롭게 탄생한 자연 그대로의 모습을 누릴 수 있다. 이런 곳에는 쓸쓸한 인공조림 지대보다 훨씬 다양한 종의 포유동물 · 조류 · 곤충이 나타난다. 이들 대부분이 절대 조용하지 않다. 고물차량 차고지와 달리 숲을 폐쇄한 후 국립공원에서는 생명체의 활동이 더 활발해진다.

그렇다면 어떤 표현으로 대체할 수 있을까? 보호구역? 보호받아야 하는 구역? 누구를 위해서? 물론 우리를 위해 보호하는 것이다. 보호구역이라는 개념은 (산림감독관이 특수한 직업군에 속한다고는 하지만) 우리가 갇혀 있는 존재라는 사실을 분명하게 보여준다. 우리는 잠재의식에서 양심의 가책에 시달리지만 이것이 별로 쓸모는 없다. 경고, 끊임없이 들려오는 불길한 소식은 인식 전환에 도움이 되기보다는 우리를 피곤하게 만든다. 환경단체에서 아무 이유 없이 이런 사실을 인정하는 것이 아니다.

그래서 나는 야생 숲이라는 단어 대신 그냥 '숲'으로 표현하자고 제안하고 싶다. 이것이 반드시 발전을 의미하는 것은 아니다. 이와 관련해 두 번째 제안을 하고 싶다. 이외의 다른 모든 숲은 '인공조림'이라고 표현을 바꾸는 것이다. 보르네오에서는 기름야자, 포르투갈과 브라질에서는 유칼립투스가 있다. 물론 모두 인공적으로 조성한 숲이다. 하지만 우리의 경우 쓸쓸한 풍경의 오래된 조림 지역을 비非 고유종 숲이라고 부른다. 산림 행정 당국에서 인공조림이라는 개념 사용을 꺼리기 때문이다. 인공조림이라는 표현을 사용하면 일반인에게 우리 주변에 진짜 자연환경이 얼마나 조금밖에 없는지 더 확실하게 알려진다는 것이다. 이런 사실이 부각되지 않도록 임지 면적을 통틀어 숲이라고 표현한다. 이 개념은 매우 긍정적인 뉘앙스를 갖고 있기 때문이다.

이외에도 사용을 꺼리는 표현이 있다. 내가 강연에서 산림감독관을 도축업자에 비유하면 동료들은 발끈한다. 벌목은 동물 대신 식물을 죽이는 것이다. 이렇게 따지면 벌목이나 도살이나 다를 게 없지 않은가? 최근 연구 결과에 의하면 너도밤나무와 참나무도 통증을 느낀다고 한다. 그렇다면 동물에게 사용되는 개념을 식물에도 사용하는 것이 합리적일 것이다.

거짓으로 꾸미고 야만에서 벗어나려는 현상이 우리 가정의 일상에 스며들었다. 목재는 자연의 일부 아닌가? 그래서 긍정적인 이미지를 갖고 있지 않은가? 심지어 가공된 상태에서도 목재는 살아 있고 숨을 쉬지 않는가? 이것은 소파 세트나 식탁의 재탄생을 알리는 두 번째 기회인 것처럼 느껴진다. 가공된 목재는 완전히 죽은 것이다. 공기 중 습기만 흡수하고 다시 내보낼 수 있을 뿐이다. 토기 · 황토벽 · 벽돌에도 이런 특성이 있다. 우리는 뭔가 잘못 생각하고 있다. 목재 제품은 아름답고, 일상에서도 생태계에 의존하며 살아가는 듯한 느낌을 준다. 하지만 목재 제품에 대한 열광에 가까운 긍정적 이미지가 오히려 나무를 정확하게 알고 산림 경영에 관한 진지한 논의를 진행하는 것을 어렵게 만든다.

지금 필요한 것은 새로운 어휘가 아니라 솔직함이다. 사람들이 진짜 숲에 들어가 기계로 관리되는 인공조림지를 눈으로 확인한다면, 자신의 집 현관문 앞에서도 진짜 자연을 발견하기 위해 더 많은 보호구역 설정을 원할지 모른다. 우리 모두가 그러기를 바란다면, 겨우 2퍼센트밖에 되지 않는 독일의 보호구역 비중을 15퍼센트로 늘릴 수 있을지도 모른다.

17

숨을 깊이 들이쉬어 보세요

어린 시절 나에게 숲 산책은 두려운 일이었다. 나는 어른들 뒤를 졸졸 따라다니면서 꺾기에 좋은 나무줄기를 찾았다. 방문 목적은 대부분 인근에 있는 '작은 와인 양조장'에 가기 위해서였다. 어쨌든 그곳에는 항상 레몬에이드가 있었다. 숲에 가면 나는 자유롭게 친구들과 작은 오두막을 만들고, 금지된 불장난을 하고, 흙 위에 누워 수관을 바라보거나 보물을 찾아다녔다. 반면 이러한 숲 산책은 푸르른 자연 속에서 나에게 내려진 최고의 형벌이었다.

물론 지금 나에게 숲 산책은 전혀 다른 느낌의 것이다. 어쨌든 일반인에게 숲 산책이 관심의 대상으로 떠오른 것은 사실이다. 사실 알맹이는 같고 겉포장만 달라졌을 뿐이다. 숲 산책은 사람들이 어떻게 포장하는지에 따라 명칭이 바뀌어왔다. 트레킹 · 하이킹 · 노르딕 워킹 등 다양한 산책법이 있다. 방식에는 차이가 있지만 나무가 있는 환경으로 돌아가겠다는 목표는 같다. 삼림욕을 제외하면 트레킹 · 하이킹 · 노르딕 워킹 등은 모두 스포츠를 변형한 것이다. 숲길 걷기는 칼로리 소모가 많은 만큼 체중 감량 효과도 있어야 보람을 얻을 수 있기 때문이다.

놀랍게도, 연구 결과 걷는 거리당 속도는 그다지 영향을 끼치지 않는다는 사실이 확인되었다. 보행 속도로 4킬로미터를 걸으면 240킬로칼로리를 소모하는 셈이다. 반면 같은 거리를 조깅하면 2배 빨리 목적지에 도착할 수 있지만 실제로 소모되는 열량은 320킬로칼로리밖에 안 된다.[61] 즉 산책은 보기보다 활동량이 훨씬 많다. 걷기의 장점은 다리와 발의 움직임을 쉽게 조절할 수 있다는 데 있다. 쉽게 말해 좌우를 둘러보며 숲을 즐길 여유가 생긴다.

그래서 걸을 때 훨씬 더 여유롭다. 우리가 나무 밑을 걸을 때 긍정적인 효과를 얻을 수 있는 또 다른 이유가 있다. 너도밤나무를 비롯해 다른 종의 나무들이 서로 소통할 때 발산하는 물질이 있기 때문이다. 이 물질은 우리 몸의 순환과 잠재의식에 영향을 끼친다. 또한 혈압을 내리는 효과가 있다. 물론 모든 숲에서 그런 것은 아니다. 1970년대 말 연구 결과에 의하면 독일의 재래종 활엽수림은 혈압을 강하시키는 효과가 있었던 반면, 인공조림의 독일가문비와 소나무는 혈압을 오히려 상승시켰다.[62] 스트레스를 받은 침엽수들이 곤충의 공격과 수분 부족에 대한 화학 메시지를 서로 주고받았는데, 우리가 나무의 메시지를 무의식적으로 인식했을 가능성이 있다는 것이다.

우리의 잠재의식은 신체뿐만 아니라 의식에서 일어나는 과정에도 변화를 일으킨다. 그래서 우리는 편안함을 주고 혈압을 떨어뜨리는 숲을 아름답다고 느낀다.

나는 TV 프로그램 진행자 베티나 뵈팅거Bettina Böttinger와 함께 숲의 효과에 대해 실험한 적이 있다. 우리는 먼저 쾰른 거리에 나갔다. 카메라가 돌아가고 있는 가운데, 고층 빌딩 · 간이음식점 · 트램 정류장에서 혈압을 측정했다. 모든 것이 공개적으로 문서화되는 것이나 다름없는 상황이었기 때문에 나는 살짝 예민해졌다. 맥박과 혈압은 상승했지만 문제 삼을 만한 정도는 아니었다. 어쨌든 나는 평상시 베티나 뵈팅거의 맥박과 혈압이 어느 정도인지도 모르고 있었다. 이후 우리는 참나무 · 서어나무 · 너도밤나무 등 활엽수림이 있는 베르기셰 란트Bergische Land로 갔다. 이곳에서 두 번째로 측정 장비를 풀고, 카메라 팀은 촬영 준비를 했다. 나는 긴장한 상태에서 계기판을 봤다. 빙고! 계기판은 현저히 낮은 수치를 가리키고 있었다. 나무는 베티나 뵈팅거만큼 편안한 상태였다.

물론 한 번의 실험이 학술 연구를 대신할 수 없다. 나무가 건강에 끼치는 효과와 관련해 오래전 이미 연구가 진행되었고 완전히 끝난 것도 아니다. 당시 연구는 혈압뿐만 아니라 우리 몸의 저항력에 관한 것이었다. 숲 산책은 여러분이 아는 것보다 면역 방어에 훨씬 더 이로운 효과가 있기 때문이다. 여러분은 나무의 방어 조치로부터 혜택을 입을 수 있다.

1956년 레닌그라드대학교의 생물학자 보리스 토킨Boris Tokin은 침엽수에 주변 환경을 살균하는 효과가 있다는 사실을 입증한 바 있다. 토킨은 어린 소나무 개체군 주변은 무균 상태라는 것을 발견했다. 나무들이 스스로 식물 항생제인 피톤치드를 분비한다는 것이 그 이유였다.[63]

침엽수는 왜 그런 행동을 할까? 매초마다 적의 공격을 받기 때문이다. 이 적은 우리 눈에는 보이지 않고 공기 중을 떠다니고 있다. 1세제곱미터당 최대 1만 개의 균류 포자가 우글거린다.[64]

이 포자들은 부러진 나뭇가지나 상처가 난 수피에 정착할 기회만을 호시탐탐 노리고 있다. 균류는 이런 장소에서 자라서 나무 안으로 침투하여, 나무 내부부터 서서히 먹어치우기 시작한다. 그러다가 목질이 썩고, 나무는 죽는다. 물론 침엽수는 최대한 빨리 균류의 공격을 방어하고 싶어 한다. 가장 좋은 타이밍은 균류가 나무에 자리 잡기 전이다. 내가 폴란드의 비아워비에자Białowieża 원시림 탐사 이후 훨씬 더 많이 알게 된 사실인데, 활엽수는 균류를 다른 방식으로 다룬다.

활엽수는 균류 포자를 미리 퇴치한다. 이것은 알레르기 환자들에게 도움을 줄 수 있다. 알레르기 질환자들만 그 혜택을 입는 것이 아니다. 여러분은 무의식적으로 방어 물질인 피톤치드를 들이마시고, 피톤치드는 여러분의 몸에서 나무와 똑같은 역할을 한다. 즉 염증 억제 효과가 나타나기 시작한다. 특히 피톤치드에는 암 억제 효과가 있다. 도쿄 니혼의과대학 연구팀은 피실험자들을 각각 숲과 도시로 보냈다. 숲에 있던 피실험자들은 도시에 있던 피실험자들보다 킬러 세포*와 항암 단백질 수치가 증가했다. 그리고 피실험자들이 숲을 산책한 후 최대 7일 동안 혈중 농도가 높은 상태로 유지되었다.[65]

한국 연구팀도 이와 유사한 방식의 연구를 진행했다. 연구팀은 노년층 여성들을 숲 그룹과 도시 그룹으로 나누어 산책하도록 했다. 연구 결과는 실로 놀라웠다. 숲 그룹의 경우 혈압과 폐활량은 물론이고 동맥의 유연성이 향상된 반면, 도시 그룹에는 아무 변화가 나타나지 않았다.[66]

건강과 관련해 다뤄지는 '도시'의 개념이 너무 모호하게 표현되는 경향이 있다. 소음과 대기 중 유해물질과는 별개로 생물학적 특성에 관한 문제도 있다. 이를테면 인구 밀집 지역들 간에도 차

* 다른 세포나 이물질을 공격하여 파괴하는 세포.

이가 뚜렷하게 나타난다. 주제를 다시 나무로 바꾸겠다. 실제로 가로수의 건강 개선 효과를 입증한 연구 결과가 많다. 미국 시카고대학교 연구팀은 대규모 연구 프로젝트를 통해 현관문 앞에 나무 한 그루만 있어도 더 건강하고 편안함을 느낄 수 있다는 사실을 입증한 바 있다. 이를 위해 연구팀은 캐나다 토론토 거주자 3만 명에 대한 데이터와 토론토시에서 분류한 53만 그루의 나무에 대한 데이터를 수집했다. 연구 결과 주거 지역에 나무가 최소 10그루 있을 경우, 소득이 1만 달러 상승했을 때(소득이 1만 달러 상승하여 더 나은 의료 혜택을 받을 경우)와 맞먹는 건강 개선 효과가 있었다. 이 효과는 정신 건강에만 국한되지 않았다. 사망 원인 1위인 심혈관계 질환 발생 가능성도 현저히 감소했다. 또한 주거 지역에 나무 11그루를 더 심은 결과, 소득 2만 달러 상승에 맞먹는 건강 개선 효과가 나타났다. 달리 표현해 생물학적 연령이 1.4년 젊어지는 효과가 있었다.[67]

나무는 건강에 이롭고, 숲은 훨씬 더 이롭다. 독일의 의사이자 방송인 에크하르트 폰 히르시하우젠Eckhart von Hirschhausen에 의하면, 실제로 일본에서는 의사의 처방전에 숲길 걷기가 있다고 한다. 그리고 일본에서 독일로 건너온 최신 트렌드가 있는데, 바로 삼림욕이다.

솔직히 나는 삼림욕에 대한 기사를 처음 읽었을 때 그 효과에 대해 회의적인 입장이었다. 숲 산책이라고 하면 몰라도 숲에서 어떻게 목욕을 한다는 말일까? 숲에 있으면 긴장이 풀리는 것은 정상적인 현상이다. 이런 활동은 지금까지 존재해왔다. 삼림욕에는 새 부대에 담긴 오래된 포도주 같은 효과가 있을까? 삼림욕에 관한 수많은 신간 서적을 살펴보았지만, 삼림욕과 기존의 여가 활동의 차이가 정확하게 무엇인지 알 수 없었다. 삼림욕이 요즘 급부상한 이유는 무엇일까?

최근 들어 사람들은 자연으로 다시 돌아가고 싶어 한다. 삼림욕 유행은 이런 시대적 분위기와 관련 있을 것이다. 1970~1980년대 독일도 이런 분위기였다. 당시 수피와 알루미늄을 절약해야 한다며 학교에서 와인 병의 코르크 마개와 요구르트 뚜껑을 모았었다. 아직 알루미늄 바퀴와 알루미늄 바퀴 테 유행은 끝나지 않았다. 그렇지 않았더라면 우리는 돈키호테처럼 무모한 싸움을 한다고 느낄 수밖에 없었을 것이다.

베를린 장벽 붕괴 후 사람들의 관심은 동 · 서독의 화해, 경제 성장, 테러 위기에 집중되었다. 젊은이들에게 자연은 별로 중요하지 않았다. 나는 숲 안내 프로그램을 진행하면서 여전히 이런 느낌을 받고 있다. 수십 년 전부터 훼손되지 않은 자연에 대한 동경은 점점 커지고 있다. 특히 숲 관련 시민 캠페인이 많이 추진되고 있다는 것이 그 증거다. 이 부분에 대해서는 나중에 다시 설명하도록 하겠다.

숲에 대한 동경과 함께 동아시아에서 독일로 삼림욕 문화가 흘러들어왔다. 일본어로 '신린요쿠森林浴'라고 하는 삼림욕은 오랜 전통이 있는 듯한 뉘앙스를 주지만 실제로는 그렇지 않다. 삼림욕은 1982년 일본 산림청에서 국민에게 숲의 건강 증진 효과를 알리기 위해 개발한 콘셉트이자 개념이다.

물론 지방 산림감독관들이 최초로 숲 산책의 치유 효과를 발견한 것은 아니다. 자연치유법은 19세기에 독일의 목사 제바스티안 크나이프Sebastian Kneipp가 발견했다. 젊은 시절 결핵을 앓았던 크나이프는 도나우강에서 냉수욕을 하면서 자연적으로 병을 치유했다고 한다. 목사 안수를 받은 후에도 그는 대체치료 요법을 계속 연구했다. 그가 다양한 방법으로 응용한 냉수욕에는 각종 허브가 첨가되었다. 그는 전통 의학과 상반된 관점을 취했을 뿐만 아니라 무상 치료를 제공했기 때문에 많은 의사와 약사에게 고소당했다. 하지만 그는 무죄 판결을 받았고 자신만의 방식으로 환자들을 계속 치료했다. 현재 크나이프 요법은 의학에서 정식 치료 요법으로 인정받고 있다.

삼림욕의 시작도 이와 비슷했다. 숲 산책이 건강에 좋고 치유 효과가 있다는 것은 오래전부터 알려진 사실이다. 삼림욕이 좋은 이유를 정확하게 알고 있는 사람이 없었을 뿐이다. 내가 앞에서 설명했듯이 이것은 나무의 화학 커뮤니케이션과 발산 물질을 통해 과학적으로 입증할 수 있다.

우리 몸이 숲에 반응을 보이는 것은 확실하다. 그러나 삼림욕이 실제로 새로운 여가활동이나 치료법을 의미하는지는 아직 명확하지 않다. 삼림욕의 선구자인 니혼의과대학의 칭리Qing Li 박사의 저서를 읽어보면 삼림욕은 매우 유용하다. 소규모 사립대학교에서 강의하고 있는 칭리 교수는 600명의 학생들과 함께 연구를 진행했다. 이 학교는 명문으로 인정받고 있으며 연구 성과는 획기적이었다. 칭리 교수는 낭만주의적 몽상가와는 거리가 먼 인물이다. 2018년 그는 300쪽에 달하는 저서 《신린요쿠. 삼림욕의 기술과 과학Shinrin-Yoku. The Art and Science of Forest- Bathing》*을 발표했다. 이 책에서 그는 연구 결과를 비롯하여 삼림욕의 작용 방식을 서술하고 있다.[68] 삼림욕을 하는 방법은 아주 단순하다. 먼저 마음에 드는 숲(도시 공원도 좋다)에 가서 휴식을 취한다. 그리고 모든 감각을 이용하여 냄새 · 소리 · 감정 교류를 한다. 칭리는 우리가 숲으로의 초대를 그냥 받아들이면 될 뿐, 달리 할 것이 없다고 말한다. 나머지는 어머니 대자연이 알아서 돌본다. 이런 관점이라면 책까지 쓸 필요는 없고 단지 홍보물이 필요했던 듯하다. 그다음에는 새 소리에 귀 기울이거나 다양한 녹색 톤을 구분하는 법 등이 설명되어 있다. 또한 삼림욕을 마친 후, 집에서 다도茶道 또는 개잎갈나무 조각을 이용해 벽의 사방에서 숲의 향기가 유지되게 하는

* 국내에서는 《자연 치유》(푸른사상, 2019년)로 역간됨.

방법을 소개한다.

이 책에 대한 평가가 과장이라고 느껴진다면 정정하겠다. 우리는 숲에 자신을 내맡기고, '그냥' 나무 사이에서 어슬렁거리거나 몇 시간이고 숲의 부드러운 흙 위에 누워 있는 법을 완전히 잊어버렸다. 이렇게 하는 사람은 좀 유별난 사람으로 여겨진다. 모든 것이 건강 유지 프로그램의 범위와 지침에 따라 일어난다면, 이런 행동들이 달라 보일 것이다. 나에게는 삼림욕이 그랬다. 삼림욕은 내가 나무 아래에서 쉬어도 좋다는 허가증과 같았다.

예전에 나는 이와 유사한 경험을 한 적이 있다. 숲 산책을 세련된 공식 피트니스 프로그램으로 개발한 노르딕 워킹이었다. 노르딕 워킹을 하려면 워킹 슈즈 외에도 전용 스틱이 필요하다. 노르딕 워킹은 핀란드의 어느 체육학도의 아이디어에서 비롯되었다. 여름철에 스키 스틱의 활용도가 낮은 것이 불만이었던 이 학생은 스키 스틱을 이용한 트레이닝 프로그램을 개발해 스키 스틱 제조회사에 연락했다. 이 회사는 노르딕 워킹 아이디어를 듣자마자 이것이다 싶었다. 스틱 디자인을 숲을 걷기 좋게 수정하여 제작했고, 이후 노르딕 워킹이 대유행했다. 연중 온화한 시기에도 매출이 상당히 높았고 수백만 개의 스틱이 숲길을 누비고 다녔다.

여기서 우리가 오해하지 말아야 할 것이 있다. 상체도 함께 움직이므로 노르딕 워킹은 매우 합리적이다. 노르딕 워킹이 유행하면서 실내 피트니스 클럽이 아니라 야외에서 운동하는 사람이 많아졌다. 이와 유사하게 삼림욕도 네 벽으로 갇힌 공간에서 밖으로 우리를 인도하여 자연의 즐거움을 맛볼 수 있게 해준다. 안내받으며 숲길을 걷는 것의 또 다른 장점이 있다. 혼자 숲길을 걷다가 일상으로 돌아오면, 느린 삶을 살아보는 실험이 일찍 중단된다. 반면 트레이닝 코스에 참여하면 대개 끝까지 완주한다(단순히 훈련비를 지불했기 때문일 수 있지만 말이다). 이것이 내가 삼림욕을 숲 아카데미 코스에 포함하기로 결정한 이유다.

나는 삼림욕을 훨씬 더 많이 해야 했던 것 같다. 나에게도 모든 것을 놓아버리고 싶을 만큼 힘든 시기가 있었다. 2008년 나는 번아웃 상태였다. 정확하게 말해 탈진과 우울증이었다. 몇 주 전부터 나는 심적 불안과 긴장감에 시달리고 있었다. 산림 감독 업무로 과부하에 걸린 것이 원인이었다. 사측에서 나에게 과도한 업무를 지시한 것은 아니었다. 나는 숲을 보호하기 위해서라면 무슨 일이든 하고 더 많은 일을 하려고 했다. 그래서 산림감독관 업무 외에 다른 프로젝트들을 계속 개발하고 있었다.

나는 오래된 너도밤나무 원시림을 보호하기 위해 독일 최초의 수목장림樹木葬林을 조성했다. 이곳에서 사람들은 자신이 원하는 나무를 골라놓았다가, 나중에 그 밑에 매장될 수 있다. 원시 활엽수림은 관리가 필요 없는 무덤으로, 최소 99년 동안 벌목이 금지된다. 이렇게 오랜 기간 동안 소위 '임차 계약'이 되어 있는 것이다. 이외에도 나는 마우스 클릭만으로 오래된 너도밤나무 원시림을 제곱미터 단위로 임차할 수 있는 원시림 프로젝트를 발족했다. 내 목표는 독일 최후의 원시 활엽수림을 최대한 살리는 것이었다. 또한 세미나를 개최했고, 여우 사냥을 막기 위해 사냥꾼들에게 환경 의식을 심어주려 노력했고, 환경단체에서 강연을 했으며, 학자들과 협력 연구를 했다. 두 명의 동료가 병에 걸려 내가 대신 업무를 처리하기도 했다. 그러자 내 몸은 '안 돼!'라며 거부 반응을 보이기 시작했다.

결국 내 몸은 자르랜디셔 룬트풍크Saarländischer Rundfunk 생방송 중 공황 발작을 일으켰다. 10분 간격으로 공황 발작이 일어나 심장이 멎을 것만 같았다. 어쨌든 나는 이 위기를 넘겼고, 겉으로는 아무 표시도 나지 않았다. 마음속으로는 수천 번은 더 죽었다. 이 일이 있고 나서 나는 몇 년 동안 치료를 받아야 했다. 그 후로 나는 내가 원하는 것에 더 많이 신경 쓰고, 숲 살리기 프로젝트에 대한 집착은 더 버리려고 노력했다. 지금 이런 말을 하는 사람이 있을지 모른다. "잠깐만요! 그런데 당신은 다시 외부 활동을 하고 있지 않습니까!" 여러분의 말을 깨끗하게 인정한다. 맞다. 내가 책임져야 할 일이 많기 때문이다.

이번에는 내가 충분히 감당할 수 있을 만큼 계획을 세웠다. 업무 영역을 줄였고, 숲에서의 업무는 다른 두 동료에게 넘겼다. 그 사이 숲 아카데미는 내 아들 토비아스가 책임지고 관리하면서,

에이전시를 통해 전 세계에서 오는 문의 사항을 처리해주고 있다. 그리고 아내가 스케줄 관리를 하면서 나는 다시 일주일에 두 번은 쉴 수 있게 되었다. 이제 나는 내 몸의 경고 신호, 경미한 심장 리듬 장애를 그냥 넘기지 않는다. 내 몸에서 힘들다는 신호를 보낼 조짐이 보이면 '아니오'라고 말한다.

이 모든 것이 삼림욕과 무슨 관련이 있다는 말인가? 현재 우리 가족은 숲 한가운데에 있는 오래된 관사에서 살고 있다. 물론 내가 나무 아래에 있을 기회가 더 많다. 나무가 우리 몸에 끼치는 영향과 건강의 상관관계가 명확하다면 나는 왜 그 지경이 되었을까?

여기에서 두 가지 질문을 던져볼 수 있다. 첫째, 숲이 없었다면 나는 어느 정도까지 악화되었을까? 둘째, 자기 파괴 현상이 어느 정도일 때부터 숲은 우리에게 아무 도움이 되지 못할까? 그사이 나는 몇 가지 깨달음을 얻었지만, 그냥 숲에 앉아 쉬는 것은 점점 힘들어지고 있다. 그런데 딱 한 번 성공한 적이 있다. 우리 아이들이 생일 선물로, 온 가족이 모여 내 관할 구역을 산책하는 것이 어떻겠느냐고 제안했다. 상당히 독특한 선물이었다. 이 산책은 나에게 자연 속에서 온 가족이 함께 편안한 시간을 보내는 것이 가장 소중한 선물임을 깨닫게 해주었다. 우리는 좁은 길을 느긋하게 걸으며, 꽃마다 나비가 앉아 있는 모습을 감상했고, 길가 나무의 검붉은 체리를 따먹었다. 짧은 활엽수림 구간을 지난 뒤 아이들이 담요를 꺼내 펴고 한상 차렸다. 이제 정확히 기억나지 않지만, 한두 시간쯤 나무 아래에 누워 이야기를 나누고 힐링 타임을 즐기느라 시간이 가는 줄 몰랐다. 이것이 바로 삼림욕이었다. 이날은 내가 기억하는 한 숲에서 지내온 나날들 중 최고였다. 나는 숲에서 수천 일을 보냈다! 여러분은 그렇게 하고 싶어도 쉽게 하지 못할 것이다. 안내를 받으며 삼림욕을 해보라.

나는 칭리의 책을 적극 추천한다. 이 책은 처음에는 소파에서 서정적인 산책으로 초대하고, 읽을수록 숲에 가고 싶은 마음이 들게 한다. 삼림욕에 관한 책을 읽을 독자들이 전부 숲으로 가려고 한다면 어떤 일이 생길까? 숲에 너무 부담을 주는 것은 아닐까? 나는 종종 이런 질문을 받는다. 모든 사람에게 숲으로 더 많이 가고 길 밖으로 나와 걸어보라고 하기 때문이다. 물론 사람이 너무 많이 찾아오면 숲도 버거워한다. 하지만 방문객들로 인한 소란은 현대 산림 경영의 부정적인 효과에 비하면 새 발의 피다.

세렝게티라고 생각해보자. 아프리카의 사바나 지대인 세렝게티에는 온갖 동물이 서로 방해하지 않고 잘 어우러져 산다. 마치 서로에게 한 번도 관심을 가져본 적이 없었던 것처럼 보인다. 오직 맹수나 사냥꾼만이 예외로, 그들은 스트레스를 유발한다. 여러분이 맹수와 함께 있지 않은 한 숲에서 편하게 쉴 수 있다.

독일 뮌헨 루드비히막시밀리안대학교에서는 2019년부터 숲 헬스트레이너 및 숲 치료사 양성 교육을 하며 숲 치료에 관한 연구를 진행하고 있다. 삼림욕은 세계적으로 인정받는 치료법으로 자리매김했다.[69] 독일에서도 의사가 환자에게 삼림욕을 처방할 날이 멀지 않았다. 이것은 인간뿐만 아니라 나무도 바라고 있는 바다. 원시림의 가치를 배울 수 있기 때문이다. 누가 황폐한 인공조림에서 산책하길 원하겠는가?

18

자연 약국의 응급조치

나무의 간접적인 효과를 다루려면 먼저 이 거인들이 우리 건강에 직접적으로 어떤 영향을 끼치는지 살펴볼 필요가 있다. 내가 숲 안내 프로그램을 진행하면서 깨달은 바는 '항상 뭔가를 의심한다'는 것이다. 하지만 그 덕분에 여러분은 너도밤나무 · 참나무를 비롯한 다양한 활엽수종 나뭇잎을 안전하게 먹을 수 있다. 심지어 이 잎들은 건강에도 좋다. 내가 숲 안내 프로그램 참가자들에게 나뭇잎을 한번 먹어보라고 권하면 처음에는 망설이고 거부하려 든다. 나뭇잎을 그냥 먹어봐도 될까? 물론이다. 새싹이 처음 돋는 시기인 이른 봄에 피는 나뭇잎은 연한 녹색에 부드럽다. 이 나뭇잎들은 맛이 좋고 살짝 새콤하다. 또한 너도밤나무와 참나무 잎으로는 맛있는 샐러드를 만들 수 있다.

원래 숲에는 두통약도 곳곳에 널려 있다. 살리신이 포함된 버드나무 껍질은 두통약으로 사용할 수 있다. 살리신Salicin이라는 이름은 버드나무속이라는 뜻의 라틴어 살릭스Salix에서 유래한다. 종에 따라 차이는 있지만 버드나무 껍질에 함유된 살리신 성분은 최대 10퍼센트이며, 체내에 흡수되면 살리실산으로 변한다. 아세틸살리실산 성분을 기본으로 하는 유명 합성 약품은 약효는 더 강하지만, 부작용으로 혈액 희석*이 나타날 수 있다. 부작용을 원치 않는다면 두통 또는 열이 있을 때 버드나무 껍질 차를 마시면 효과가 있다. 기원전 700년경 고대 점토판에 인간이 수천 년 전부터 버드나무 껍질 차를 마셔왔다는 증거가 기록되어 있다. 합성 살리실산은 학자들이 버드나무 껍질 차의 비밀을 규명한 1830년 연구 결과를 바탕으로 제조된다. 현대의 흰색 알약은 독일의 재래종 나무에 함유된 물질의 '화학 복제품'이나 다름없다.

혹시 지금 당장 숲에 가서 버드나무 껍질을 벗기려 한다면 유감이다. 살아 있는 생명체의 껍질을 벗기는 것이나 다름없는 행위이기 때문이다. 가지 몇 개를 잘라와 집에서 껍질을 벗기는 것도 나무에게는 해가 될 수 있다. 껍질로 차를 만들어 마시기에는 강가 주변에 자라는 독일 재래종 흰버들Salix alba이 특히 적합하다. 반면 독일의 낮은 산악 지대 숲에서는 주로 호랑버들Salix caprea을 볼

* 희석 혈장의 용적이 늘어나 적혈구 농도가 상대적으로 줄어드는 현상.

수 있다. 호랑버들은 대개 숲 가장자리 또는 벌목된 지역에서 자란다. 키가 15미터가 채 되지 않는 작은 호랑버들은 이런 곳에서 너도밤나무와 참나무 아래가 아닌 자기만의 구역을 찾는다. 살리신 함량이 더 적긴 하지만, 왜 한번 맛보려 하지 않는가? 작은 나무를 베고 싶다면 개울과 질펀한 곳에 가보길 권한다. 이런 장소에는 종종 장미과의 터리풀속이 자란다. 하얀 꽃이 피는 이 잡초는 습하고 단 냄새가 나며 버드나무 껍질과 유사한 물질을 함유하고 있다. 6월과 7월 사이에 딴 꽃으로 차를 우려 마시면 두통과 해열 진정 효과를 볼 수 있다.

숲은 두통 해소에만 도움을 주는 것이 아니다. 곤충에게 쏘였거나 피부가 부어올랐을 때 어떤 방법을 사용하면 좋을까? 이 경우에는 단풍나무 잎만 있으면 된다. 단풍나무 잎을 빻아서 쏘인 부위에 얹어놓으면 부기를 빼는 데 도움이 된다. 이 방법은 오랫동안 걸은 후 부어오른 발을 진정시킬 때도 유용하다.

반면 참나무는 외상보다는 목의 염증 등 내상內傷에 효과가 있다. 이런 경우에는 참나무 껍질을 물에 끓여 마시면 좋다. 하지만 버드나무 껍질과 마찬가지로 참나무 껍질을 벗겨보라고 부추기고 싶지 않다. 이것 역시 나무에게는 심한 상처를 주는 행위이기 때문이다. 활엽수림에는 갓 떨어진 나뭇조각이 많다. 활엽수림의 바닥에 널브러져 있는 나무줄기에서 껍질을 벗겨내면 된다. 당연히 가장 쉬운 방법은 약국에 가는 것이다. (독일의 경우) 약국에 가면 말려서 포장된 참나무 껍질 차를 구입할 수 있다.

봄에는 막 싹을 틔운 독일가문비 새싹을 차로 만들어 마실 수 있다. 독일가문비 새싹차는 각종 산과 비타민C가 많이 함유되어 있으며, 레몬차 맛이 난다. 나중에는 쓴맛을 내는 물질이 점점 많아져 마시기 어렵다. 그렇다면 바로 레몬을 마시는 게 낫지 않을까 하는 의구심이 들 수 있다. 물론 여기에도 이유가 있다. 지금까지 내가 언급했던 천연 식물 복용법과 마찬가지로 여기에서도 자연과의 네트워크를 되찾는 것이 중요하기 때문이다.

나는 여러분에게 석기시대 원시인들처럼 살라고 권하려는 것이 아니다. 일상에서 이런 작은 것들을 이용하면 숲을 이해하고 자연과 다시 가까워지는 데 도움이 된다. 게다가 나무의 성분들은 인위적으로 주입되는 것도 아니고 가공되는 것도 아니다. 또한 아이들은 수집의 즐거움을 맛볼 수 있다. 여러분 역시 직접 껌을 만들어보면서, 특별한 재미를 느껴볼 수 있다. 돌처럼 딱딱하게 굳어진 독일가문비 나뭇진 덩어리만 있으면 된다. 독일가문비는 독일의 숲에서 가장 흔히 볼 수 있는 수종으로, 수피는 적갈색이며 수관의 모양은 길쭉한 원뿔형이다. 구주소나무 · 미송 · 전나무 · 잎갈나무에는 독성 물질이 들어 있지 않으니 걱정할 필요 없다. 독일가문비의 나뭇진은 껌으로 특히 좋다.

독일가문비의 나뭇진 한 방울을 입 안에 떨어뜨리고 체온으로 나뭇진을 따뜻하게 해보자. 그리고 중간에 나뭇진이 어느 정도로 부드러워졌는지 한번 실험해보라. 너무 꽉 물지 말자! 너무 꽉 물면 나뭇진이 수천 개의 조각들로 나뉘면서 쓴맛 나는 물질이 갑자기 쏟아져 나온다. 여유를 두고 천천히 나뭇진을 씹어보자. 나뭇진이 잘 씹히고 장밋빛 덩어리가 되어 쓴맛 나는 물질이 분비되면 뱉어버리자(이제 여러분은 숲에 있는 것이 왜 좋은지 알 것이다). 나뭇진의 맛에 대해서는 사람마다 의견차가 있을 수 있다. 어쨌든 나뭇진의 기본적 특징은 그대로 보존되어 있다. 여러분이 가족 또는 친구 모임에서 숲 안내자로 기분전환 거리를 제공하고 싶다면 이것이야말로 숲 산책의 하이라이트다.

나무는 심지어 주방 식재료로도 쓰인다. 미송의 바늘잎은 오렌지 껍질 설탕 절임의 쌉쌀한 허브 맛이 나기 때문에 각종 요리의 향료로 사용되고 있다.

동물 세계에도 우리를 위한 약품이 준비되어 있다. 꿀벌과 같은 곤충은 심지어 항생제를 제공한다. 이것이 바로 프로폴리스다. 프로폴리스는 꿀벌이 밀랍과 나무줄기와 꽃봉오리의 나뭇진에 타액을 첨가해 만든 물질이다. 프로폴리스는 벌들이 자주 드나드는 구역을 소독하고, 이물질로부터 보호하기 위해 멸균 외피막을 만드는 데 사용된다. 또한 벌집의 구멍을 메우는 데도 프로폴리스가 쓰인다. 많은 양봉업자가 천연 접합제인 프로폴리스를 모아 팅크*에 용해한 다음 일반 약품 대용으로 제약업계에 납품하고 있다.

꿀벌에 대해 몇 가지 더 들려주고 싶은 이야기가 있다. 여러분이 재래종 꿀벌이나 야생종 말벌에게 쏘였을 때 적절히 쓸 수 있는 잡초가 자란다. 다름 아닌 질경이Plantago다. 한 종류가 아닌 두 종류의 질경이, 즉 창질경이Plantago lanceolata와 왕질경이Plantago major가 자란다. 두 식물의 이름에는 성장 정보가 프로그래밍되어 있다. 창질경이와 왕질경이는 목초지는 물론이고, 특히 길가에서 많이 자란다. 여러분이 산과 들로부터 너무 멀리 떨어지지 않는 한, 곳곳에서 유용한 물질을 찾을 수 있다. 이 풀들을 갈아서 가루로 만들고, 질근질근 씹고, 쏘인 부위에 올려놓으면, 통증 완화와 소독 효과를 동시에 볼 수 있다.

물론 숲속 식물을 약으로 사용하는 것은 새로운 발견이 아니다. 특히 중세 시대에 약초 사용법이 가장 많이 알려져 있었다. 이보다 우리는 현생인류가 등장하기 훨씬 오래전부터 인간과 자연을 이어주는 띠가 있었는지 질문을 던져보아야 할 것이다.

동물의 왕국, 특히 인간과 가장 가까운 유연관계에 있는 동물인 침팬지를 살펴보면 이 질문의 답을 찾는 데 도움이 된다. 실제로

* tincture. 동식물에서 얻은 약물이나 화학물질을 에탄올 또는 에탄올과 정제수의 혼합액으로 흘러나오게 하여 만든 액제液劑. 요오드팅크, 캠퍼팅크 따위가 있다.

침팬지가 장내 기생충을 배출하기 위해 쓴 잎의 연한 조직을 일종의 완하제緩下劑로 복용하는 모습이 관찰되었다. 연구자들은 침팬지가 식물성 음식을 자가 치유 목적으로 섭취하는지 어떻게 알아냈을까? 아주 간단하다. 이 잎에는 침팬지에게 독이 되는 성분이 들어 있었다. 침팬지는 얼마큼 먹어야 자기 몸에 해가 되지 않는지 정확하게 알고 있는 듯 보였다. 그리고 장내 기생충 감염이 심각한 상태일 때만 이 독성 식물을 섭취했다. 아마 독성 식물이 신체에서 어떻게 작용하는지 정확하게 알고 있었던 것 같다.[70]

침팬지가 자연 약품을 이용해 자가 치료를 한다는 것은 상상할 수 있는 일이다. 우리와 유연관계가 먼 다른 동물은 어떨까? 숲에 사는 새는 기생충을 체외로 배출하기 위한 목적 외에도, 다른 동물들에게 도움을 주기 위해 식물을 먹는다. 한편 개미는 진드기와 같은 해충을 제거해주는 비자발적인 조력자다. 군체群體를 형성하여 사는 곤충인 개미 주변에 새들이 깃털을 활짝 펼치고 쪼그린 채 앉아 있다. 개미는 낯선 것은 전부 물어뜯거나 부식성 산을 내뿜으며, 공격자로부터 자신을 방어한다. 이렇게 하여 개미들은 새들의 날개에 은신하고 있는 해충들을 모조리 죽인다.

먼 옛날 우리 조상들도 이렇게 행동했을까? 요즘 사람들이 류머티즘에 좋다는 이유로 벌거벗고 개미 서식지에 누워 개미에게 몸을 물어뜯도록 하는 모습을 보면 감각이 무딘 것 같기도 하다. 어쨌든 이것은 자연보호 차원에서 금지되었지만, 실제로 효과가 있다는 증거는 없다.

진홍나방Tyria jacobaeae도 자신의 건강을 위해 자신만의 독특한 방법으로 식물을 이용한다. 진홍나방의 애벌레는 독성이 특히 많은 식물을 즐겨 먹는다. 바로 금불초Jacobaea vulgaris다. 이러한 사실은 많은 목초지와 휴경지에 금불초가 퍼지면서 알려졌다. 맹독성 식물이 아니라면 독성이 있다는 자체는 큰 문제가 되지 않는다. 금불초는 소위 피롤리지딘 알칼로이드Pyrrolizidine alkaloids로 자신을 보호한다. 말 · 양 · 소 · 염소가 이 풀을 먹으면 만성 간 손상을 유발할 수 있고 건강에 치명적이다. 이 성분을 섭취하면 할수록 건강은 점점 악화된다. 이렇게 몇 년 지나면 이 성분을 소량만 섭취해도 말 · 양 · 소 · 염소 등의 가축은 목숨을 잃는다. 금불초는 인간에게도 치명적이다. 금불초와 루꼴라의 잎 모양이 비슷해 혼동하기 쉽다. 2009년 한 고객이 샐러드 채소인 루꼴라 봉지에서 금불초를 발견한 사건 때문에 루꼴라 가격이 폭락한 적이 있다.[71]

하지만 진홍나방은 금불초의 맹독성을 잘 활용한다. 물론 진홍나방 애벌레는 다른 식물도 먹지만, 마법에라도 걸린 듯 금불초의 독성 물질에 끌려다닌다. 알칼로이드는 애벌레의 건강을 해치지 않고, 조직에 축적되어 치명적인 효과를 일으킨다. 이 물질은 진홍나방 애벌레를 천적으로부터 보호해준다. 또한 진홍나방 애벌레는 말벌의 노란색-검은색 줄무늬처럼 색으로도 경고 신호를 보낸다.

진홍나방은 선천적인 본능에 따라 행동한다. 반면 집참새는 주변 물질을 목적에 따라 약으로 사용하는 예다. 멕시코시티 소재 멕시코국립자치대학교의 이자벨 로페츠 룰Isabel López-Rull 연구팀은 참새의 둥지를 조사했다. 연구팀은 담배꽁초의 셀룰로오스로 지어진 둥지가 많다는 사실을 확인했다. 담배꽁초에는 니코틴 성분이 특히 많은데, 이것이 둥지의 진드기를 줄이는 데 도움이 되었다.[72] 이 경우 참새는 식물, 즉 천연 약품을 사용한 것이 아니므로 자신의 목적에 따라 계획적으로 약을 사용했다고 볼 수 있다.

'자연 약국' 활용은 인간의 고유한 발명품이 아니다. 우리 주변 모든 생물도 연관되어 있다. 우리가 이 자연 약국을 발견하는 데 더욱 힘쓴다면, 이것은 생태학적 이미지만 강조한 일시적 유행이 아닌 우리의 뿌리로 돌아가는 행위가 될 것이다. 여기서 뿌리와 관련해 덧붙일 이야기가 있다. 역으로 나무에 병이 들었을 때 우리는 어떤 도움을 줄 수 있을까? 지금까지 이 문제를 두고 논쟁이 벌어지고 있다. 관심이 많을수록 더 정확한 연구가 이뤄지는 법이다.

19

나무에게 의사가 필요할 때

자연에 대한 우리의 사랑은 우리 주변의 생물이 병들었을 때 직접 개입해 도움을 주려는 행동에서 나타난다. 우리 가까이에서 살고 있는 동물이나 나무처럼 우리에게 많은 영향을 끼치는 생물이 특히 보살핌을 많이 받는다. 주택 단지에는 나무가 많으므로 나무는 우리의 보살핌을 받아야 할 대상이 되었다.

도시 지역의 나이 많은 나무가 썩기 시작했다면 이것은 대개 적색 경고 신호다. 이것은 나무의 생존뿐만 아니라 거주자들의 안전이 걸린 문제이기 때문이다. 게다가 1톤에 가까운 나무가 쓰러지면 심각한 피해가 발생할 수 있다. 이 경우 나무 관리사들은 나무를 살릴 수 있는지 아니면 베어버려야 하는지 확인 작업에 들어가야 한다. 지난 수십 년 동안 사람들은 치과 의사의 치료법을 많이 모방해왔다. 썩은 나무는 어금니처럼 충치가 생긴 부위를 긁어내고 구멍을 판 다음, 빈 곳을 메웠다. 충치는 아말감으로 메우지만 나무는 시멘트로 빈 곳을 메운다. 논리적이고 과학적인 처치 방법처럼 보이지 않는가? 그러나 나무를 시멘트로 메우면 나무는 안정성을 잃는다. 나무줄기는 굳어 있는 조직이 아니기 때문이다. 나무는 섬유와 접착 성분으로 구성되어 있고, 유리섬유로 된 막대기처럼 충격을 흡수할 수 있다. 하지만 나무줄기의 중심부가 콘크리트로 되어 있으면 용수철처럼 충격을 흡수할 수 없다. 과격하게 비유하면 우리의 척추를 딱딱한 강철 막대기로 찌르는 것과 같은 상황이다. 움직이며 살 수 있는 삶은 끝난 셈이다.

나무로 치면 폭풍이 불었을 때 수관의 나뭇가지가 더 쉽게 부러질 수 있다는 뜻이다. 게다가 시멘트로 메운 나무에서는 균류가 훨씬 퍼지기 쉽다. 나무줄기에 구멍을 내기 위해 건강한 목질 내부의 폐쇄된 영역으로 균류가 침투하기 때문이다. 딱지가 생긴 상처 부위를 긁는 것과 마찬가지다. 비가 올 때 시멘트에 습기가 잘 스며들고 이 습기가 서서히 내부로 번져 나간다. 균류가 누구의 방해도 받지 않고 번식하기에 딱 좋은 환경이다. 나무의 외관은 더할 나위 없이 완벽해 보이지만, 속은 썩어 들어가고 있기 때문에 나무의 건강에 적신호가 켜진 상황이다.

요즘 사람들은 나무에 이런 식의 처치를 하지 않는다. 대신 나무를 정확하게 관찰한다. 건강한 목질의 비중과 나무가 얼마나 안정적인지 정기 검사를 실시한다. 검사 결과가 좋지 않은 경우 나무의 무게를 줄이기 위해 조심스럽게 수관을 잘라낸다. 이렇게 하면 나무는 몇 년을 더 버틸 수 있다. 곧 알게 되겠지만 나뭇가지를 쳐낸 후에는 항상 부작용이 뒤따른다.

무자비하게 절단된 가로수를 본 적이 있는가? 이것은 마치 사디스트들이 환상 속에서 아무 힘 없는 존재에게 가혹 행위를 휘두른 것처럼 보인다. 이런 일이 발생하게 된 것은 진부한 이유에서다. 바로 비용 절감이다. 수관을 잘라내는 일은 전문 교육을 받은 사람, 특히 그중 나무를 사랑하는 마음이 있는 사람이 맡아야 한다. 나무도 감정을 느끼는 존재이므로 상처 입는다는 것을 아는 사람이 이 일을 해야 하는 것이다. 발루스카 교수는 이렇게 말한다. 우리는 나무가 어떤 상처를 입을지 정확히 알 수 없지만, 이런 행위가 나무에게 상처를 주는 것만큼은 확실하다.

나무에 이런 큰 고통을 줄 수밖에 없는 상황이라면, 먼저 상황을 정확하게 판단하고 피해를 최소화하도록 해야 한다.

유감스럽게도 도시 지역에서는 정반대의 현상이 관찰된다. 이 자리에서 꺼내기에는 불편한 주제이지만 비용 문제를 언급하지 않을 수 없다.

일반적으로 나무 전문가는 도시 건설업자보다 임금이 높다. 게다가 낙엽이 떨어진 직후 가을은 비수기이기 때문에 일이 별로 없는데도 임금을 지급해야 한다. 그렇다 보니 수관 자르기 작업을 전문가가 아닌 건축 작업장 인부에게 맡긴다. 인부들은 대범하게 나무에 전기톱을 들이대며 가차 없이 나무의 수관을 잘라낸다. 이렇게 잘라내고 난 후의 효과는 강력하다. 경제적 측면만 고려한 단순 논리대로라면 한번 확실하게 가지치기를 해놓으면 몇 년은 끄떡없다. 나무가 그만큼 자라려면 시간이 꽤 걸리기 때문에 그때까지 나무에 손 댈 일이 없는 것이다. 유감스럽지만 이것은 틀린 말이다. 이렇게 무자비하게 가지치기를 한 후 연쇄적으로 후폭풍이 일어난다.

처음 나무에 엄청난 충격이 가해진다. 그 결과 거대한 사지가 절단된다. 무자비하게 나무의 수관을 절단하는 행위는 다리를 잘라내는 행위에 비유할 수 있다. 나무 내부의 물질 흐름이 급변하고, (유감스럽게도 나무의 행동은 매우 느리다) 나무는 공격 세력으로부터 상처를 차단하려 애쓴다. 상처가 3센티미터를 넘을 경우 아무리 노력해봐야 소용없다. 대기 중에서 발견되는 포자가 몇 분 이내에 절단면에 도달해 자라기 시작한다. 이후 몇 년 동안 포자는 나무 그루터기까지 파먹고 나무 그루터기의 안정성을 단계적으로 뒤흔들어놓는다. 이제 나무는 엄청난 허기를 느낀다. 살아 있는 큰 나뭇가지가 제거되면 나뭇잎도 그만큼 줄어든다.

사람들은 이것이 그렇게 비참한 상황은 아니라고 생각할 수 있다. 하지만 이것은 신체의 한 부위가 없어지는 것이고, 이 부위는 더 이상 관리할 필요가 없다. 사람들은 우리 눈에 보는 것만 인식한다. 하지만 모든 나무는 지하에 자신의 몸집에 맞는 근계*를 갖추고 있고, 근계에는 엄청난 에너지가 필요하다. 하지만 수관을 잘라낸 후에는 에너지를 완벽하게 공급받을 수 없다. 결국 잘라낸 크기만큼 근계도 죽는다.

나무가 폭풍을 견딜 수 있도록 수관을 잘라낼 경우 종종 정반대의 현상이 일어난다. 죽어가는 뿌리와 함께 안정성도 사라지기 때문이다. 게다가 또 다른 위험이 나무를 위협한다. 나무는 살아남기 위해 새로운 나뭇가지와 특히 잎을 다발로 만들어낸다. 이런 가지들이 자라면 나무줄기가 된다. 그런데 나무줄기에 생긴 상처가 균류의 습격으로 썩기 때문에 이 다발은 목질의 어디에선가 갈라진다. 결국 수관을 잘라서 차단하려고 했던 일이 또다시 발생한다.

이제 어떻게 해야 할까? 일반적으로 가지치기는 나무에 도움이 되지 않는다. 위험 요인을 제거하기 위한 목적으로 가지치기를 하는 것이라면 나무줄기에서 멀찌감치 달려 있는 얇은 나뭇가지를 조심해서 제거하면 된다. 이외에는 대부분이 나뭇가지를 완전히 제거하는 방법밖에 없다. 너무 야만적인가? 나도 그렇다고 생

* 根系, 땅속으로 뻗은 뿌리의 갈래.

각한다. 이렇게 되기 전에 해결 방안을 찾았어야 한다. 도시 계획자와 주택 소유자들은 어디에 나무를 심을지 신중하게 고민해봤어야 한다. 특히 자신의 생각만으로 나무가 어느 정도까지 클지 짐작할 수 없었다면 전문가에게 조언을 구했어야 한다.

이 자리에서 나무의 위험성에 대해 다시 짚고 넘어가겠다. 도시에서는 나무가 쓰러지면 대개 자동차나 집, 거주자까지 피해를 준다. 물론 시골에도 사람들이 다니는 도로 · 선로 · 산책로가 있다. 안타까운 사실은 비극적인 사망 사고가 반복적으로 발생한다는 것이다. 아주 드문 경우이긴 하지만 이런 사고는 '교통안전 의무'라는 키워드에서 과잉 반응으로 나타난다. '교통안전 의무'에 의하면 한 그루 이상의 나무를 소유한 자는 그로 말미암아 발생하는 모든 위험에 대해 책임져야 한다. 마치 개를 키우는 사람이 동물 사육자 책임보험에 가입하는 것이 만일의 상황을 대비해 훌륭한 선택인 것처럼 말이다.

토지의 일부이기도 한 나무를 키우는 것과 동물 사육은 원칙적으로 동일한 책임 의무가 주어진다. 하지만 나뭇가지가 떨어져 사람이 상해를 입거나 사망하는 사건이 발생했을 경우에만 문제가 된다. 이 경우 여러분은 형사 처벌 대상이므로 상해보험을 가입해봐야 보장받을 것이 없다. 물론 썩은 나무 한 그루 때문에 감옥에 가고 싶은 사람은 없을 것이다. 최근 몇 년 사이 사람들은 이 주제를 부각하며 과민 반응을 보이고 있다. 도시의 가로수뿐만 아니라 도로를 뚫기 위해 잘린 숲도 생존의 위협을 느끼고 있다. 이러한 악순환은 이미 시작되었다.

출발은 이렇다. 앞에서 설명했듯이 나무에는 건강 개선 효과가 있다. 주거 지역당 21그루의 나무가 인간의 평균수명을 1.4년 연장할 수 있다고 할 때, 병든 나무의 수명 단축 효과는 어느 정도일까? 이것과 관련해 많은 통계를 뒤져보았지만 답을 찾지 못했다. 문제는 다양한 요인이 섞여 있는 경우가 많다는 것이다. 매년 많은 교통 이용자가 나무로 말미암아 목숨을 잃는다. 정확한 상황을 조사해보면 승용차가 선로를 이탈해 나무를 들이받은 경우로 확인된다. 또 다른 이유는 폭풍과 같은 자연재해다. 폭풍으로 뿌리가 뽑혀 쓰러진 나무에 맞아 행인이 사망하는 사고가 발생할 수 있다. 물론 재난 사고는 지붕의 일부가 떨어져 발생하는 사고와는 차이가 있다. 폭풍은 문밖출입을 최대한 자제해야 하는 기상 상황이다. 이런 극단적인 상황에 발생하는 사고는 병든 나무 탓이 아니다. 맑은 하늘에서 나뭇가지가 떨어지거나 나무가 부러져도 외적으로 아무 영향을 끼치지 않는 사고 발생 비율은 아주 낮은 수준이다.

독일 국민을 기준으로 사고율을 설명해보겠다. 관련 뉴스를 바탕으로 약간 높게 잡아 보았다. 사망 사고가 1년에 20건, 사건 당사자의 평균연령이 40세라고 하자. 이것을 독일 국민 전체로 환산하면, 쓰러질 가능성이 있는 나무 때문에 80세인 평균수명이

0.00001퍼센트 감소한다. 반면 도시 지역에 나무가 있을 경우 평균수명은 약 1.8퍼센트 증가한다. 이것은 18만 배나 차이 나는 수치다. 일종의 '정리해고'로 나무 수를 줄이는 경우와 위험한 나무를 아예 잘라버리는 극단적인 조치를 취하는 경우가 있다. 각각의 조치를 취한 결과 그 차이는 어마어마하다. 여기서 강조하고 싶은 점은 교통안전을 위한 조치가 강박적인 형식으로 취해지기 때문에 이런 문제가 발생한다는 것이다.

독일연방통계청Statistisches Bundesamt 보고에 의하면 독일에서만 1만 8천 제곱킬로미터 면적에 해당하는 자연경관이 교통 목적으로 사용된다고 한다. 이러한 도로의 많은 구간이 숲을 통과한다. 그곳에서 업무에 지친 산림감독관을 마주친다. 산림감독관들은 숲 가장자리 지역의 안전 상태를 관리하고, 관할 구역에 있는 수천 그루의 나무가 쓰러질 위험이 없다는 사실을 문서로 확인해주어야 한다. 물론 모든 도로와 숲 산책로에 나무가 있는 것은 아니지만 높이가 30미터인 나무는 30미터 멀리까지 쓰러질 수 있다. 최소 이 거리에 해당하는 구간에 대해서 나무가 쓰러질 위험을 관리해야 한다. 이런 구간은 숲에서 상당한 면적을 차지한다.

쓰러질 위험이 있는 나무의 외관 상태를 1년에 두 번씩 기록하는 절차는 이런 목적으로 개발되었다. 나무에 잎이 달려 있는 상태와 잎이 달려 있지 않은 상태, 즉 여름과 겨울에 각각 한 번이다. 구체적으로 이 절차는 어떻게 실행될까? 차 안에서는 나무 뒷부분의 상태를 점검할 수 없다. 이 경우 나무줄기 뒷부분의 외관 확인도 불가능하다. 산림감독관들은 뚫려 있는 길을 직진으로 따라가는 것이 아니라 30미터 구간을 지그재그로 다닌다. 그래야 쓰러질 위험이 있는 나무를 놓치지 않고 점검할 수 있다. 대체 무엇을 점검한다는 말일까? 나무줄기에 있는 딱따구리의 보금자리에서 호시탐탐 공격할 틈을 노리고 있는 이상한 균류를 점검한다는 말일까? 균류는 나무가 썩어가고 있음을 암시하며, 나무가 쓰러져 상해 사고가 발생하면 책임자가 감옥에 가야 한다고 협박하고 있는 것일까? 아니면 균류는 나무의 건강에 전혀 해를 끼치지 않는 무해한 생물, 즉 종의 다양성에서 한 자리를 차지하는 중요한 생물일까? 나는 그럴 가능성이 전혀 없다고 말할 수 없을 것 같다. 내 동료들도 분명 그렇게 말할 것이다.

목숨을 걸고 기록을 남기려는 사람이 아닌 한, 쓰러질 위험이 있는 나무는 베어버리도록 조치할 것이다. 특히 불안에 시달리는 현대인들은 도로 좌우에 쓰러질 위험이 있는 나무를 보면 베어버리는 편을 택할 것이다. 이 경우 산림감독관들이 누릴 수 있는 또 다른 이점이 있다. 일단 도로가 차단되고, 베어낸 목재가 이윤을 남기고 팔리고, 은퇴할 때까지 30년 동안 휴식기를 갖게 된다. 이러한 편의주의가 전국 곳곳에서 성과를 내는 것은 놀라운 일이 아니다. 이러한 관행의 문제점은 법정에서 훌륭하고 전문적인 관행이라 평가되면 이것을 표준으로 하여 개인의 잘못을 평가하는 기준이 된다는 것이다. 자신이 불리한 입장이 되길 바라는 사람이 어디에 있겠는가? 지금까지 쓰러질 위험이 있는 나무를 못 보았거나 그럴 가능성을 오판했다고 하여 감옥에 가는 동료를 본 적이 없다.

어떤 대안이 있을까? 실제로 나무에 해가 되는 균류가 있는 지역을 전문적으로 다루는 나무 관리사들이 있다. 이들은 쓰러질 위험이 있는 나무 후보들을 검사하고, 베어낼 필요가 없는 경우 위험 경보 해제 조치를 할 수 있다. 또한 건설 작업 등으로 뿌리 부분이 손상된 나무의 안전 상태를 평가할 수 있다. 나도 정기적으로 이런 서비스를 요청해왔다.

점검 서비스를 받아야 할 대상은 내 관할 구역뿐만이 아니었다. 우리 집 내 정원에는 수십 년 전 폭풍으로 45도 기울어진 소나무가 한 그루 있다. 수령이 약 140살인 이 나무는 그만큼 크고 무겁다. 이 소나무가 기울어진 몸으로 어떻게 하루를 버티는지 나에게는 수수께끼다. 우리 이웃들도 그렇게 여기고 있기는 마찬가지다. 나무의 상태를 정확하게 진단하기 위해 전에 내 관할 영역에서 해당 업무를 담당했던 전문가를 모셔왔다. 나무에 관한 그의 해박한 지식 덕분에 많은 나무를 살릴 수 있었다. 이것은 그가 진짜 프로라는 표시이기도 하다. 산림감독관도 마찬가지겠지만 실력이 부족한 감정가는 안전을 위해 쓰러질 가능성이 있는 나무는 일단 베어버린다.

그는 경고 해제 조치를 내렸다. 이 소나무가 뿌리를 잘 내려서 쓰러질 위험 없이 잘 서 있을 만큼 튼튼하다는 이유에서였다. 물론 이 말을 듣고 나는 매우 기뻤다. 숲의 일부에 해당하는 산림감독관 사택의 땅을 그대로 보존할 수 있었기 때문이다.

평상시에 이처럼 나무를 꼼꼼하게 검사하지 않는 이유는 무엇일까? 이미 눈치챘겠지만 이것도 비용과 관련된 문제다. 산림감독관이 이 업무를 맡을 경우 추가 임금이 지급되지 않는다. 상사가 업무 지시를 내리기만 하면 된다. 이것이 비용도 절감하고 서류 작업도 줄일 수 있는 방법이다. 상부에서 산림감독관에게 계속 압력을 주기 때문에 도로 주변의 나무를 베어버릴 수밖에 없다. 해결책은 감정가 집단을 신규 채용해 매년 수만 그루의 나무를 살릴 수 있도록 하는 것이다. 건강과 환경에 끼칠 긍정적인 효과를 판단할 줄 아는 인재가 결국 재정적으로도 도움이 된다.

폴란드와 벨라루스에 걸쳐 형성된 비아워비에자 원시림을 방문했을 때 갑자기 머릿속에 떠올랐던 질문이 있다. 나는 친하게 지내는 학자 표트르 치코 흐미호로비엑Piotr Tyszko-Chmielowiec과 숲을 탐방했다. 곳곳에 굵은 나무줄기가 죽은 채 쓰러져 있고 거대한 참나무와 피나무가 자라고 있었다. 몇 미터 두께의 나무줄기 내부는 썩어서 난로의 연통처럼 뻥 뚫려 있었다. 그때까지 이러한 분해 과정이 살아 있는 나무에 부정적인 영향을 끼칠 것이라고만 생각했다. 실제로 그런 일이 발생할 가능성이 높다. 그때 표트르가 이곳에 쓰러진 거대한 나무들에 균류가 습격하는 원인이 다른 곳에 있을 수 있다는 사실을 알려주었다. 오래된 나무들이 모든 것을 감수하고 균류를 초대해 목재를 갉아먹게 내버려둔다는 것이다. 이 장면은 마치 슬로모션으로 자살을 하는 것처럼 보이지 않는가? 표트르는 이 상황을 논리적으로 설명하며 반드시 그런 것은 아니라고 말했다. 나무는 자리를 이동할 수 없기 때문에 기생생물을 초대한다는 것이다. 수백 년 동안 나무는 한 자리에 뿌리를 내리면서 자신이 사용할 수 있는 모든 영양물질, 특히 간기* 주변에 있는 미네랄과 질소 화합물을 빨아들인다. 언젠가 이 과정이 중단되고 나무는 죽음을 맞이한다.

500년이 지난 후 원시림의 성목에는 최대 30톤의 바이오매스가 들어 있다. 나무줄기 내부의 살아 있는 조직과 생장이 멎은 나이테는 생명을 유지하기 위한 순환 활동에 참여할 수 없다. 이곳에서 나무는 다른 존재들에 의해 분해되고 영양물질도 분리된다. 땅은 점점 척박해지고 흙에 들어 있는 모든 영양분이 완전히 소비된다.

* 稈基, 줄기 밑부분으로부터의 일정 길이.

수십 년 또는 심지어 수백 년을 꿋꿋이 견디기 위한 슬로건이 있다. 네 자신이 거름이 되어라! 나무줄기의 상처를 파고드는 균류가 나무를 갉아먹으면서, 나무는 부드럽고 잘게 부스러지는 촉촉한 부식토로 변한다. 나무는 이렇게 '흙' 속으로 들어가 뿌리를 성장시키고 몇 년에 걸쳐 나이테의 형태로 저장해놓았던 영양물질을 두 번째로 흡수한다.

이 설명을 들었을 때 처음에는 나무의 사지가 절단되어 있는 이미지가 연상되었다. 이 경우에는 되새김질이라는 표현이 더 적합할 듯하다. 소가 배 속으로 들어간 음식물을 게워내 씹듯이, 나무는 나무줄기 내부의 내용물을 분해하고 두 번째로 흡수한다. 소와 달리 나무의 경우 과거에 흡수해놓았던 내용물은 뼈의 골격에 속한다. 이 부분이 문제인 것처럼 보인다. 나무는 자신의 몸에 있는 물질을 분해해 불안정한 상태에서 벗어나는 것일까? 바로 이것이 중요한 질문이다. 그 답은 얼마나 많은 나무가 균류의 습격을 받았는지에 달려 있다. 나무줄기 가장 안쪽, 나무의 어린 시절부터 존재했던 가장 오래된 나이테는 나무의 견고함에는 별로 영향을 주지 않는다. (자전거 테두리 등) 강철 파이프를 보면 알겠지만, 속은 텅 비어 있어도 자전거를 지탱하는 힘이 있다. 나무줄기의 3분의 2 이상이 썩어 있지 않는 한, 나무는 안정성을 유지하는 데 끄떡없다.[73]

이쯤에서 장면 전환을 하겠다. 2018년 10월 캐나다 브리티시컬럼비아주 출신의 작가 로버트 무어Robert Moor가 나를 방문했다. 우리는 보편적인 사회 시스템의 적용 가능성에 대해 논의했다. 사회적 능력의 측면에서 나무의 생활을 인간 공동체와 비교할 수 있다면, 바탕이 되는 공통 원칙이 있을까? 처음에 나는 이런 원칙이 없다고 생각했다. 나무는 서로 조절하며 살아가는 능력이 탁월한 존재이기 때문이다. 원시림에서는 같은 수종의 나무끼리 뿌리를 통해 당액을 분배하고, 향기와 뿌리를 통해 서로에게 위험을 알린다. 쉽게 말해 무리 중 누구도 자신이 최고가 되려고 애쓰지 않고 부를 축적하지 않는다. 인간의 사회 시스템에도 원칙적으로 부를 분배하는 체계가 있다. 조세 제도를 통해 부자가 자신의 돈을 내놓으면 가난한 사람들이 그 혜택을 누린다. 부의 분배 제도가 존재하는 것은 확실하지만 상대적으로 낮은 수준이다.

나무의 세계에서는 성목이 이러한 과정을 통해 자신의 힘을 조절하므로 개인의 능력차는 상대적으로 적게 나타난다. 반면 인간 사회에서는 개인차가 엄청나다. 빌 게이츠 한 사람이 소유하고 있는 재산이 소도시 주민을 평생 먹여 살릴 수 있을 정도다. 숲은 다르다.

아닐까? 로버트 무어와 대화하는 동안 표트르와 나눴던 이야기가 갑자기 떠올랐다. 큰 나무가 거대한 양의 영양물질을 축적하지 않는다면 어떤 일이 일어날까? 큰 나무는 이웃 나무들과 영양물질을 나누어 쓰지만 수백 년이 지난 후 나무줄기에 저장되어 있는 엄청난 양의 영양물질은 나누어 쓸 수 없다. 큰 나무가 주변 토양의 미네랄마저 싹쓸이해 갔기 때문에 남아 있는 미네랄도 거의 없다. 큰 나무는 (자신이 원하든 원하지 않든) 자신의 몸을 썩혀 흙으로 영양물질을 내보낸다. 이 과정을 통해 생성된 부식토는 큰 나무는 물론이고 이웃나무들도 사용할 수 있다.

반면 빌 앤 멜린다 게이츠 재단Bill & Melinda Gates Foundation이 제공하는 '부식토'는 두둑한 은행 계좌들로 구성되어 있다. 빌 게이츠는 슈퍼 리치 중 예외로 보이지만 평범한 인물에 가깝다. 영화배우 · 회사 소유주 · 축구 선수 등 거부들은 어느 시점부터 최대한 많은 돈을 소유하는 것에 더 이상 의미를 두지 않는다. 이들은 누가 어떻게 자신들의 돈으로 이득을 취하는지 통제하고 싶어 하면서도 많은 재산을 풀어놓는다. 그렇게 하지 않으면 사회적 양심에 시달리기 때문이다.

그렇다면 인간의 분배 체계는 숲의 분배 체계와 원칙적으로 동일하지 않을까? 나무와 인간 공동체는 안정성에 가장 관심이 많다. 그런데 이러한 안정성은 불평등 탓에 침해당한다. 주변 환경이 병들어 있다면 다량의 영양물질이 있어봐야 무슨 소용이겠는가? 숲이 약해지면 강인한 나무도 오래 살 수 없다. 숲이 병들면 누가 상쾌하고 시원한 여름 날씨를 만들어주겠는가? 억만장자라면 자신의 주변을 둘러싸고 있는 국가 사회 시스템에 대해 이와 유사한 질문을 던져봐야 할 것이다.

병든 나무는 자신의 몸에 균류를 침투시켜 거름이 된다. 우리는 이런 나무의 모습을 보며 숲 환경에 개입하는 것이 옳은지 한 번 더 고민해보아야 한다. 하나는 주변의 나무에 영향을 받는 우리의 건강을 위해서이고, 다른 하나는 자연은 투쟁이 아닌 연대를 맺어야 할 대상이라는 증거이기 때문이다. 그 증거인 나무는 극단적인 경우에만 전기톱으로 잘라 제거해야 한다.

많은 사람의 눈에 이런 해석이 지나친 비약으로 비칠 수 있다. 이러한 사람들은 요즘 독일에서 두드러지게 나타나고 있는 현상, 즉 새롭게 불붙은 자연에 대한 사랑을 '현실에 대한 도피' 또는 학문적 표현으로 '현실도피주의'라고 말한다.

20

숲을 동경하는 것의 숨겨진 의미

자연, 특히 숲 유행 현상에 대해 긍정적으로 평가할 수 있을까? 아니면 여가 시간에 정치나 환경 파괴 같은 듣기 싫은 소식 대신, 존재하지도 않는 신성한 세계를 동경하며 현실 도피를 원하는 국민이 증가하고 있다는 사실을 보여주는 것일까?

나무를 주제로 한 내 책이 베스트셀러가 되었을 때 나는 이런 비난을 자주 들었다. 내 책은 범죄 추리 소설처럼 픽션문학 대열로 분류되었다. 그 자체에 대해 부정적이라고 말할 수는 없다. 물론 독자들은 좀 더 진지한 태도로 우리 주변의 수많은 존재를 자세히 다루라는 의도로 한 말이었을 것이다. 대신 일상으로부터 도피는 컴퓨터 게임, TV 프로그램 또는 그런 종류의 자연 서적을 통해 똑같이 일어날 수 있는 일로 한정한 것이다.

당연히 우리는 고단한 하루를 보낸 후 긴장을 풀고 기분전환 거리를 찾는다. 스포츠를 즐기고 훌륭한 식사를 하며 좋은 책을 읽는 등, 업무와 대조되는 활동을 하면서 휴식을 취하는 것은 도피가 아니라 지극히 정상적인 일이다. 인간은 지구상에 존재한 이래 형태만 달리했을 뿐 끊임없이 여가 활동을 해왔다. 이런 노력이 있었기에 악기나 동굴 벽화와 같은 문화적 소산물이 탄생할 수 있었다.

이제 우리는 일상에서도 매우 자주, 심지어 문화적 소산물로만 둘러싸여 살게 되었다. 물론 집 · 자동차 · 도로 · 일터의 모든 것이 인공적인 형태, 자연과 거리가 먼 물질, 향기로운 숲과 초원에서 가장 동떨어진 냄새로만 구성된 것은 아니다. 문화는 자연에 반대되는 개념이고, 인간이 창조한 모든 것을 아우른다. 넓은 의미에서 문화에는 경작지, 심지어 인공조림 침엽수도 포함된다. 우리의 일상생활 공간 전체가 자연 없이 구성되어 있다면 이제부터 종종 자연 생태계를 찾을 필요가 있지 않을까? 자연으로 돌아가려는 경향은 스스로 만든 감옥에 들어가려는 현상이라기보다는, 현실을 거부하는 태도를 비웃고 몽상을 즐기는 태도라고 해석해야 할 것이다.

숲에 대해 새롭게 눈뜬 사랑을 평론가들이 부정적으로 표현할 때 자주 사용하는 개념으로 신비주의 외에 회피주의가 있다. 이를테면 '나무는 인간보다 나은 존재인가?'와 같은 시원시원한 표제에는 부정적 이미지가 감춰져 있다.

스위스의 일간지 〈타게스안차이거Tagesanzeiger〉에서 문학평론가 마르틴 에벨Martin Ebel은 숲은 자연을 대표하는 개념인 동시에 도시와 산업에 상반되는 개념으로, 독일의 발명품이라고 했다. 야생의 자연을 정신적 공간으로 높여 평가하는 것은 독일 '낭만주의자*'들의 작품이라는 것이다.[74] '나무는 인간보다 나은 존재인가?'라는 기사에서 그는 서양 사람들이 숲이 신체와 정신에 끼치는 영향이 과학적으로 검증되지 않은 상태에서 숲에 특별한 의미를 부여한다고 말한다. 최근 환경주의자들이 건강을 위해 자연을 찾고 있긴 하지만, 이와는 별개로 자연을 거대한 기계, 아무 감정이 없는 시스템으로 간주하는 것은 낡은 관점이다. 내가 보기에 에벨은 이런 관점을 대변하는 전형적인 인물이다.

그의 말이 완전히 틀렸다고 볼 수 없다. 유럽에서 숲을 대하는 관점이 변한 것에 대해서만큼은 말이다. 숲에 긍정적인 이미지를 되돌려준 것은 독일 낭만주의자들이었다. 그래서 나는 바덴뷔르템베르크주에 있는 거대한 숲 지대인 쇤부흐Schönbuch 자연공원

* Romantik, 18세기 후반부터 19세기 초까지 전 유럽에서 전개되었던 문예사조. 감성적인 세계인식, 유기체적 세계관, 관념주의를 중심 내용으로 삼는다.

의 올가하인Olgahain을 방문했다. 우리는 7월의 무더위 속에서 TV 프로그램을 촬영했고 몇 시간 동안 심하게 훼손된 숲(인공조림이라고 표현하는 편이 낫겠다)을 걸었다. 심하게 간벌된 소나무들이 이제 나무를 막 베어내서 생긴 그루터기와 함께 활엽수림의 뒤를 잇고 있었다. 활엽수림의 작은 나무줄기들은 수십 년이 지났는데도 여전히 가늘었다. 길에 쌓여 있는 나무를 보니 해안가에 표착한 고래가 떠올랐다.

가파른 숲길을 올라가니 다른 풍경이 펼쳐졌다. 우리는 너도밤나무 원시림에 도착했고, 이곳의 공기는 더 차갑게 느껴졌다. 너도밤나무 숲은 돌계단이 있는 작은 길로 통했다. 곳곳에 잠시 쉬어갈 수 있는 벤치가 있었다. 거대한 수관을 비집고 들어온 한 줌 햇빛이 작은 구역을 비췄다. 덕분에 나는 그럭저럭 괜찮은 자연림을 소개할 수 있었다. 그런데 프로듀서인 헤닝은 정확한 사실을 지적해주었다. 겉보기와 달리 실제로 이곳은 자연림이 아니라는 것이다. 너도밤나무 숲은 낭만주의적 성향의 러시아 대공비 올가가 짓도록 한 공원 시설 중 일부라고 한다. 올가의 남편 카를 폰 뷔르템베르크 왕은 1871년 산비탈에 작은 숲을 조성했는데, 수십 년 후 이 공원은 황폐해졌고 사람들의 기억에서 잊혔다. 1970년대에 산림 행정 당국에서 조심스레 숲 복구 작업에 착수했고 너도밤나무 숲은 그대로 두었다. 너도밤나무 숲은 지금도 원시림과 똑같은 상태이고, 그사이에 잘 가꿔진 오솔길이 뚫려 있다.

다시 낭만주의 이야기로 돌아가자. 우리는 낭만주의 시대 이후 숲을 사랑하게 되었을까? 그림 형제는 동화에서 숲을 항상 주인공이 두려운 일을 피해 도망치는 음울한 피난처로 묘사했다. 우리도 숲을 그런 관점으로 보고 있을까? 우리는 단지 숲을 동경의 장소로 이해하는 '서양' 사람들인가? 갑자기 신비주의와 도피주의라는 개념 외에 데카당스*라는 표현이 머릿속에 떠오른다. 자연에 대한 새로운 직관을 깔아뭉개기 위한 목적일 때 데카당스는 제3의 공모자다.

숲을 사랑하는 사람들은 데카당스적이고 세상에 싫증이 나서, 물질적으로 완벽에 가까운 이 세계에서 싫증을 해소할 탈출구만 찾고 있을까? 숲을 사랑하는 사람들을 이렇게 평가하는 사람들은 종종 침엽수 인공조림을 옹호하고 숲 보호구역 지정을 거부해야 한다고 주장한다. 우리가 신성한 세계인 숲을 보호하고 벌목을 금지한다면 목재 수요는 수입을 늘려 충당해야 한다. 이렇게 될 경우 우림 지대에서 남벌이 증가하게 되므로 독일의 숲 전체에서 벌목을 허용하는 편이 낫다는 것이다.

나는 이런 식의 주장이야말로 진정한 데카당스적 사고라고 생각한다. 이런 주장을 빌미로 천연자원을 약탈하길 원하고, (이를테

* décadence, 19세기 프랑스와 영국에서 유행한 문예 경향. 병적인 감수성 · 탐미적 경향 · 전통의 부정 · 비도덕성 따위를 특징으로 한다.

면 생태계의 지속 가능성 등) 생태계의 기준이 무너지는 것을 감수하며, 다른 곳에서 약탈할 가능성이 있다고 위협하는 사람은 자신의 무지함을 알리는 것이다. 이들의 주장과 달리 지금보다 숲을 더 많이 보호하는 것은 물질적 · 문화적 생존을 위해 중요하다. 긍정적인 감정보다 숲을 더 잘 보호할 수 있는 방법이 있을까? 낭만주의자들은 이러한 긍정적인 감정만 재발견했다. 게르만과 켈트의 나무 숭배 사상이 입증하듯이 나무는 암흑과 같은 중세시대 이전에는 전혀 다른 존재로 여겨졌기 때문이다.

우리가 살고 있는 주택단지는 인공적인 세상이며, 우리를 위해 창조되었고 우리가 영원히 의존하며 살아갈 곳이다. 인간이 가끔 이러한 인공적인 세상에서 생태계로 돌아갈 때 나는 자연, 특히 숲이 더 매력적인 존재가 될 것이라고 생각한다. 도시는 제품들을 빼곡하게 채워놓은 공간이나 다름없다. 도시에서는 제품이 거래되지만 일반적으로 생산 활동은 이뤄지지 않는다. 도시는 빌딩 사이에서 성장하는 것이 아니다. 인공적인 세계인 도시는 우리를 많은 것으로 자극한다. 하지만 원래 우리는 자극을 받도록 만들어진 존재가 아니다.

대표적인 자극이 소음이다. 2016년 독일연방환경청이 실시한 설문조사에서 소음 공해의 원인을 묻는 문항이 있었다. 1위는 도로 소음, 놀랍게도 2위는 이웃이었다. 그리고 산업, 항공 교통,

선로 소음이 나란히 3위, 4위, 5위를 차지했다. 여러 가지 원인이 동시에 소음 공해를 일으키는 경우가 많다는 답변도 있었다.[75]

소음은 심혈관 질환을 유발한다. 이런 이유로 세계보건기구WHO는 지속적인 야간 소음 공해가 40dB(A)*을 초과하지 않도록 권장하고 있다.[76]

이 말은 곧 작게 속삭이는 소리보다 큰 소리가 지속되면 수면 장애를 유발할 수 있다는 뜻이다. 그렇다면 자연에서 밤을 보내는 것이 대안일까? 반드시 그런 것은 아니다. 숲도 원래 조용하기만 한 공간은 아니기 때문이다. 나무는 바람에 흔들리고, 새들이 지저귀고, 노루들이 울어댄다. 약하게 내리는 빗소리도 40dB(A)이다. 뇌우가 쏟아지기라도 하면 80dB(A)을 넘는다. 이것은 공기 해머**의 소음에 버금가는 수준이다. 하지만 도시와 차이점이 있다면 소음이 계속되지 않고, 특히 시끄럽게 들리지 않는다는 것이다.

작은 모험을 해보고 싶다면 밤에 직접 숲에 들어가 실험해보길 바란다. 이렇게 간단하게 밤의 숲 산책을 해보는 것도 좋지 않은가! 밤에 숲을 산책할 수 있는 권리는 법으로도 명시되어 있다. 여러분이 거슬리게 행동하지 않는 한 동물이 여러분의 출입을 방

* A-가중 데시벨. 소음의 크기를 측정하는 A회로가 내장된 소음계로 측정했을 때의 소음 단위.

** 압축 공기의 힘으로 움직이는 기계 해머. 단조鍛造 작업을 하거나 말뚝, 리벳 따위를 박을 때 쓴다.

해할 일은 없다. 동물의 세계에서 여러분은 사냥꾼이다. 그래서 여러분의 존재가 동물에게 스트레스를 줄 수 있으니 주의해야 한다.

숲에도 이러저러한 소음이 있다고 하지만, 사실 이런 소음은 여러분이 들어보고 싶어도 듣기 어려울 때가 더 많다. 숲이 완전히 조용한 것은 아니라고 할지라도 대체로 조용한 편이기 때문이다. 지평선 너머로 해가 사라지면 바람도 잠든다. 대부분의 동물은 숨을 죽인다. 작은 올빼미가 "후후후후" 하며 흐느끼듯 운다. 내가 지내고 있는 산림감독관 관사도 너무 조용하다. 그래서 대부분의 손님은 오히려 적막감 때문에 잠을 제대로 이루지 못한다. 이들은 창밖으로 들리던 트램 소리와 아스팔트에서 바퀴가 굴러가는 소리를 그리워한다. 그럼에도 대체로 나무 아래에서 잠을 자면 귀와 혈액순환에 좋다.

숲은 우리를 소음 공해로부터 해방해준다. 또한 많은 사람에게 산소 함량이 높은 공기를 제공한다. 도시에서 산책할 때와 비교해 나무 아래에서 걷는 것이 좋은 이유는 우리 폐를 신선한 산소로 씻어주기 때문이 아닐까? 물론 모든 경우에 그런 것은 아니다. 그 이유를 설명하려면 사계절 중 추운 시기를 잠시 살펴봐야 한다. 날이 추워지면 활엽수는 나뭇잎을 떨어뜨리고 침엽수는 동면기에 들어간다. 이 시기에 너도밤나무를 비롯한 다른 수종들은 저장 식량, 즉 여름에 만들어 저장해놓은 당으로 연명한다. 나무가 당을 생산하는 여름에는 산소가 방출되고, 겨울에는 정반대의 현상이 일어난다. 나무는 세포에서 당을 연소하고 인간처럼 이산화탄소를 밖으로 배출한다. 그렇다고 여러분이 질식할 일은 없으니 염려하지 마라! 대부분의 산소는 바다에서 오는 것이고 바람에 실려 다니며 끊임없이 소용돌이치기 때문이다.

역설적으로, 산소 분자 3개로 구성된 오존은 시골보다 도시에서 더 활성화된다. 오존은 공격적이고 독성이 있는 가스이기 때문에 폐를 손상시킨다. 이런 이유로 독일연방환경청은 여름에 오존 수치가 지나치게 상승하면 특별 경고를 내린다. 대기 중에 오존이 형성되는 이유는 자동차에서 배출되는 일산화질소 때문이다. 뜨거운 여름날 햇빛이 강렬하게 내리쬘 때 배기가스는 대기 중 산소와 반응을 일으킨다. 이때 생성되는 오존은 생성 장소인 도시에서 즉시 배기가스의 다른 요소들과 결합하고 분해된다. 이 가스 칵테일이 바람을 통해 자연으로 날아가면 오존이 방출되고 공기 중에 축적된다. 특히 시골 지역에서 낮에 인체에 많은 영향을 끼친다.

우리의 본능과 갈망이 우리를 자연으로 되돌리려고 할지라도, 주거 공간에 대한 문화적 개입의 영향으로 이미 모든 것이 정상적인 상태가 아니다. 먼지의 상태만 보아도 숲이 훨씬 낫다.

디젤 스캔들* 이후 대기 중 오염물질 규제 강화 조치가 독일 정부 아젠다에 포함되었다. 2018년 말 유럽환경청EEA은 유럽에서 매년 약 44만 2천 명의 인구가 일찍 사망한다는 보고서를 발표한 바 있다(이 보고서에 의하면 일찍 사망하는 전 세계 인구는 650만 명이다).[77] 그 원인은 미세먼지와 질소산화물이었다. 그런데 이러한 유해물질은 대기오염의 주범이라며 대놓고 비난받는 배기관뿐 아니라 수많은 굴뚝에서도 배출된다. 독일에서 나무를 땔감으로 사용하는 난로는 1,200만 개에 달하는데, 연방환경청 보고에 의하면 이러한 난로에서 끊임없이 유해물질을 뿜어낸다고 한다.

사실 나는 의도적으로 약간 부정적인 표현을 사용했다. 나무 땔감 난방은 여러 가지 측면에서 고려하지 말아야 할 난방 장치다. 나무에 점화하는 순간부터 문제다. 여러분이 알고 있는 것과 달리 작은 나뭇조각들을 태우는 점화 장치는 연소 기관의 나뭇더미 아래가 아니라 위에 있다. 난로에 불을 피우면 이웃집으로 연기만 퍼지는 것이 아니라, 깨끗한 물질까지 전부 태워버린다. 또한 나무가 어느 정도 깔끔하게 연소되려면 아주 건조해야 한다. 여기에서 '어느 정도 깔끔하게'는 상대적 개념이다. 전 세계의 관심이 디젤차의 배기가스 규제에만 쏠려 있는 동안 나무 땔감이 승

* 2015년 9월 미국환경보호청EPA이 적발한, 독일의 자동차기업 폭스바겐이 디젤차 배출가스 기준을 맞추기 위해 배기가스 소프트웨어를 조작한 사건. 몇몇 자동차기업도 디젤 스캔들에 연루된 것이 밝혀지며 큰 파장을 불러왔다.

용차와 화물차보다 훨씬 더 많은 양의 미세먼지를 배출하고 있다.[78] 우리가 바로 알아야 할 사실은 장작불을 피우려면 섬세함이 필요하다는 것이다. 나도 우리 집의 타일 벽난로에 불을 피우는 것을 좋아한다. 펠릿 난방과 마찬가지로 나무 땔감 난방은 환경 친화적인 것처럼 보이지만 오히려 환경을 해친다. 이렇게 에너지를 얻는 행위가 과연 국가에 도움이 될까? 나무를 태우고 남은 찌꺼기는 농사에 영향을 끼친다. 게다가 퇴비에서 가스가 배출되기 때문에 문제는 더 심각해진다.

다행히 숲이 있다. 숲은 1제곱킬로미터당 최대 7천 톤의 먼지를 공기 중에서 걸러낼 수 있다.[79] 이것만 보아도 숲의 공기는 정말 깨끗하지 않은가.

이 장에서 다룬 숲과 앞 장에서 다뤘던 자연이 끼치는 영향을 정리해보자. 사람들이 도시를 벗어나 자신의 뿌리로 돌아가려는 현상이 놀랄 일일까? 이것은 우리의 감각이 아직 손상되지 않았다는 사실을 입증하는 건강한 본능이 아닐까? 내가 보기에는 이런 것을 회피주의라고 표현하는 것이 오히려 세상과 동떨어진 관점이다.

21

아이들로부터 배우다

요즘 숲 현장학습에서는 즉흥적인 활동이 거의 불가능해 보인다. 모든 것이 정확하게 계획되어 있다. 날짜 정하기만을 일컫는 것이 아니다. 세부 일정까지 미리 정해져 있다. 전형적인 예를 들어보기로 하겠다. 아침 9시에 자동차로 출발해서, 9시 30분쯤 숲 입구 주차장에서 모인다. 가족이 12시 무렵에 레스토랑 '가스트호프 하이데루스트'에 도착하길 원하고(점심식사가 예약되어 있다), 주차장에서 출발이 늦었기 때문에 숲길 산책을 하는 동안 속도를 내야 한다. 제시간에 도착하지 않으면 예약이 취소되기 때문이다! 다행히 모든 것이 딱 들어맞는다. 푸짐하게 식사를 즐긴 후에는 한결 여유로워진 발걸음으로 차로 돌아간다. 아이들은 짜증이 나면 다시 꾸물대고 어른들의 속도에 불

펑하고 칭얼거리면서 계속 멈춰 서곤 한다. 아이들에게는 나뭇가지 하나하나가 흥미롭고, 이끼가 끼어 있는 그루터기 하나하나가 관찰 대상이다.

우리는 아이들에게 맞춰줘야 한다. 우리는 숲을 즐기기 위해 숲으로 간다. 그러나 분 단위로 계획되어 있는 휴대폰 일정이 지배하는 일상의 분주함을 여가 시간에 그대로 옮긴다. 우리 아이들에게도 마찬가지다.

얼마 전 나는 어린이 숲 해설 프로그램 취재차 방문한 저널리스트와 함께 숲을 걸었다. 그녀는 친구와 친구의 아이 둘을 데리고 왔다. 내가 엄마와 아이 그룹을 어떻게 다루는지 보기 위해서였다. 이 만남을 통해 나는 많은 것을 얻을 수 있었다.

처음에 아이들은 열광적인 반응을 보였고, 거의 초 단위로 질문하며 숲의 모든 비밀을 캐내려고 했다. 내가 아이들에게 무언가를 보여주면 아이들은 바로 질문했다. "이제 또 뭐가 있어요?" 이때 무의식적으로 인터넷 시대의 오락 프로그램 소비 패턴이 아닌가 하는 생각이 머릿속에 떠올랐다. 이곳에서도 TV와 태블릿처럼 끊임없이 바뀌는 동시다발적 보여주기 현상이 나타나고 있었다.

나는 이런 행동이 이미 아이들에게 영향을 끼쳤다는 사실을 알 수 있었고, 30분쯤 후 두 아이의 행동은 바뀌어 있었다. 아이들은 점점 속도를 늦췄고 드디어 나무 그루터기 앞에 멈춰 섰다. 이곳에서 나는 아이들에게 수피 아래에서 모든 것을 찾을 수 있다고 가르쳐주었다. 마침 등각류*가 밖으로 나와 뜨거운 햇빛을 쬐다가 갈라진 틈으로 숨었다. 다른 곤충을 사냥하기 위해 썩은 나무로 슬금슬금 기어들어 가는 순각류**, 그루터기에 집을 지으며 나무를 좀먹는 개미들도 보였다. 20분 후 어른들은 계속 숲속으로 들어가길 원했다. 하지만 나는 어른들에게 잠시 기다리라며 윙크로 신호를 보냈다. 아이들은 새로운 것을 발견하는 즐거움에 흠뻑 빠져 있었고 멈추길 원하지 않았다. 아이들의 속도에 정확하게 맞추는 것. 아이들과 함께하는 숲 산책은 이런 모습일 때 가장 이상적이라는 사실을 확실히 깨달았다.

'어른의 걸음 속도에 맞춰라.' '동물을 방해할 수 있으니 무조건 조용히 있어야 한다.' '꾸물거리지 말고 빨리 걸어야 한다.' 우리가 이렇게 아이들을 재촉한다면, 아이들은 무언가를 발견하는 즐거움을 놓치고 만다. 숲 산책은 아이들에게 지루하기 짝이 없는 일이 되어버린다. 어린 시절 나도 이런 경험을 해봐서 안다. 주말 산책의 목표는 항상 최단 거리로 한 번도 쉬지 않고 목적지에 도

* 等脚類. 절지동물의 하나로 몸은 납작하며 방추형이나 긴 타원형이고, 머리 · 가슴 · 배의 3부분으로 이루어졌다. 습기 찬 장소나 맑은 물속, 깊은 바다 등지에 산다. 갯강구, 주걱벌레 등이 대표적이다.

** 脣脚類. 절지동물에 속하며 몸은 길고 납작하다. 머리와 체절로 이루어졌으며 각체절마다 한 쌍씩의 다리가 있다. 대개 습기 찬 곳에 서식한다. 지네류와 그리마류가 대표적이다.

착하는 것이었다. 물론 우리 부모님은 나와 다른 기분이었을 것이다. 이렇게 산책하는 동안 신나게 대화할 수도 있으니 말이다. 하지만 아이들에게 부모님과의 산책은 친구들과 함께 숲을 쏘다닐 때보다 훨씬 지루했다. 우리는 친구들과 함께 작은 오두막을 짓고 강도와 경찰 놀이를 했었다. 숲에서 우리는 신나게 떠들 수 있었다.

가족끼리 숲 산책을 할 때 부모들이 아이들에게 동물들을 배려해 조용히 하라고 주의를 줄 때가 많다. 정말 쓸데없는 짓이다. 사실은 정반대다. 동물들은 사람들이 크게 떠드는 소리를 들으면 긴장을 푼다. 동물들에게 시끄러운 말소리는 사냥꾼이 오지 않는다는 뜻이기 때문이다. 어떤 사냥꾼이 시끄럽게 떠들면서 사냥하겠는가? 최근 내 동료 요제프 아이힐러Josef Eichler가 숲 안내 프로그램을 진행하면서 새롭게 관찰한 현상이 있다. 한 그룹이 흥미롭게 그의 해설에 귀 기울이고 있었다. 그런데 예상치 못한 손님이 끼어 있었다. 그룹 뒤에서 노루 한 마리가 그의 해설을 경청하며 그 자리를 지키고 있었던 것이다. 노루는 항상 자신을 위협할 수 있는 존재를 주시하고 있지만, 이 그룹 사람들은 전혀 위험해 보이지 않았던 것이 틀림없다.

나는 아이들에게 숲 안내를 할 때 먼저 마음껏 소리 지르도록 내버려둔다. 일단 소리를 지르고 나면 처음 만났을 때의 서먹서먹함이 사라지고 분위기가 한결 부드러워진다. 야생동물들도 어린아이들이 자신에게 해를 끼치지 않으리라는 것을 잘 알고 있었다.

숲과 관련해 두 번째로 자주 다루게 되는 주제가 불결함이다. 요즘 어린아이들에게는 지저분하게 하는 것에도 원칙이 적용된다. 아이들이 더럽혀도 되는 것은 옷뿐이다. 손은 깨끗해야 한다. 아이들이 손가락에 흙을 묻힌 채 도시락으로 싸온 빵을 먹는 모습을 아무 말 하지 않고 지켜보기 힘들어 하는 부모들도 있다. 숲의 흙은 정말 더러울까? 물론 아니다. 숲의 흙은 미네랄과 부식토로 구성되어 있다. 둘 다 독성도 없고 비위생적이지도 않다. 아이들이 마음껏 손으로 흙을 헤집어보도록 내버려두자. 여러분도 함께 참여할 수 있다면 훨씬 좋다! 아무 계산 없이 자연과 가까워지는 법을 배우는 데 아이들만큼 훌륭한 교사도 없다. 우리가 아이들처럼 스스럼없이 자연을 즐길 수 있다면, 낡고 닳아 해진 우리와 자연 사이의 띠가 다시 튼튼해질 것이다.

22

모든 것을 통제할 수 있을까?

인간은 수천 년 전부터 자연을 통제하려 애써왔다. 이러한 욕구가 그렇게 강한 이유는 무엇일까? 어떤 종도 자신의 욕구를 충족하기 위해 계획적으로 환경을 설계하려 하지 않는다. 물론 이런 관점에서 자신의 생활공간을 끊임없이 개선하는 동물이 있기는 하다. 그래서 코끼리나 사슴과 같은 많은 거대 초식동물들에게는 입목 밀도가 낮은 사바나 지대가 필요하다. 나무들로 빽빽한 숲은 이들에게는 풀과 잡초가 너무 부족한 공간이다. 거대 초식동물들은 목초지의 풀 외에도 나무를 끊임없이 뜯어 먹음으로써 입목 밀도가 높아지지 못하도록 한다. 삿갓 모양으로 수관이 덮이면 햇빛이 차단되어 풀이 자라지 않는다. 초식동물들이 수피를 벗겨 먹기 때문에 나무는 상처를 입고 결국 죽는다. 이들이 나무껍질을 벗기는 이유는 새로운 목초지를 형성하겠다는 고차원적인 계획이 아니다. 배가 고파서다. 이렇게 함으로써 이들은 앞으로 먹고살 양식을 얻을 수 있는 환경을 덤으로 갖게 된다.

과거에 우리 조상들이 처했던 상황도 이와 유사하다. 물론 이동생활을 하던 수렵민과 채집민이 일부러 더 큰 지역을 만든 것은 아니다. 이들은 수렵 행위로 동물 개체수에 영향을 끼치고 도구를 만들 재료나 불을 지필 땔감으로 사용하기 위해 벌목을 했다. 하지만 숲은 거의 손상되지 않은 상태였다.

농경 사회에 진입하면서 상황이 달라졌다. 숲에서 벌목이 이뤄졌고, 동물이 사육되었으며, 땅에서 경작이 이뤄졌다. 석기시대의 작은 거주지 주변 자연환경에 많은 변화가 나타났다. 그럼에도 이러한 변화에는 한계가 있었고, 대부분이 원시림이었다.

인간이 민족국가라는 체제를 발견하면서 결정적인 변화가 나타났다. 많은 사람이 넓은 면적에 대해 동일한 규범의 지배를 받을 경우 엄청난 분량의 작업 분담이 가능하다. 이러한 체제 덕분에 대부분의 사람이 부품 하나 제작할 수 없어도 자동차와 스마트폰을 소유할 수 있게 되었다.

민족국가는 5천 년 전 고대 이집트인들이 발명했다. 이 체제 덕분에 이집트의 왕 파라오는 거대한 피라미드를 건축할 수 있었다. 그중 가장 큰 것은 쿠푸왕 시대에 230만 개의 돌덩이로 제작한 기자 피라미드다. 돌덩이 한 개의 무게가 1톤이 넘는다. 20여 년 통치 기간 내에 피라미드가 완공되려면 평균 2분에 1개꼴로 돌덩이가 제작되고 이동되어 설치되었어야 한다.[80]

이러한 국가 체제에서는 작은 씨족 체제보다 자연을 훨씬 효율적으로 약탈하고, 넓은 영역에 대해 조직을 정비하고 분배할 수 있다. 이 체제는 서서히 전 세계로 확산되었다. 아스텍 · 중국 · 로마를 막론하고 모든 국가에서 자신의 욕구를 위해 한꺼번에 넓은 지역을 이용했다. 자연을 잘 통제할수록 더 확실하게 계획하고 더 효율적으로 제품을 생산할 수 있었다.

이러한 통제 방식은 지금도 계속 완성되고 있는 중이며 우리 주거 공간에도 어느 정도 반영되어 있다. 이런 공간에서는 사실상 자연을 느낄 수 없다. 결국 민족국가는 자연으로부터 멀어지려는 경주의 출발점이었던 셈이다. 그러나 이러한 인식 때문에 그 경주는 조만간 끝나게 될 것이다. 특히 도시에서 자연으로부터 소외 현상이 나타난다. 도시에 나무가 많아도 아무도 숲에 대한 이야기를 하려 하지 않는다. 인간과 자연을 이어주는 띠는 완전히 끊어진 적이 없기 때문에, 우리가 자연으로부터 멀어질수록 언젠가 자연에 대한 동경이 더 심화될 날이 올 것이다.

23

시골 생활과 도시 생활의 패러독스

지금도 관할 구역에 처음 부임했을 때가 생생하게 떠오른다. 비가 오나 눈이 오나 자연을 즐겼고 야생동물과의 만남이 즐거웠다. 물론 때로는 끔찍하기도 했다. 작은 마을 인근 골짜기를 건널 때마다 쓰레기 더미를 지나야 했다. 오래된 병, 자동차 배터리, 심지어 흙에 반쯤 묻힌 채 차체의 일부만 드러난 승용차를 볼 때마다 마음이 심란했다. 그중에는 낡은 플라스틱 세제 또는 살충제 용기도 상당히 많았다. 어떤 환경 파괴범이 여기에 쓰레기를 내다버렸을까? 나는 차츰 이곳이 쓰레기 매립지였다는 사실을 알게 되었다. 쓰레기 분리수거가 1970년대에 도입된 제도라는 것을 몰랐다.

누가 유리 조각이나 고철이 정원이나 목초지 또는 들판에 있는 것을 좋아하겠는가? 쓰레기는 작업에 방해가 되고 위험할 뿐만 아니라 건초와 함께 축사까지 떠밀려온다. 문제를 해결하는 방법은 간단하다. 숲에 쓰레기를 버리지 않으면 된다! 어쨌든 쓰레기로 숲을 괴롭힐 일은 없다. 국민들의 의사와는 반대로 진행된 재조림*을 생각해보자.

재조림이 진행되는 동안, 숲은 일자리를 창출했고 마을은 부유해졌다. 1950년대 남자들은 소규모로 농사를 지으며 여름에만 일했다. 이곳은 겨울에 일거리가 별로 없었기 때문에 숲에서 임업 노동자로 일했다. 마구 내다버리는 쓰레기더미는 이들이 새 작업장에서 일하는 데 방해가 되었다. 경사가 가파른 골짜기는 어떤가? 이런 곳에서 산림 경영을 한다는 건 생각할 수도 없었다. 쓰레기를 처리하기도 참 편했다. 화물차로 쓰레기를 실어 날라서 골짜기에 내다버리면 끝이었다. 그렇게 하면 모든 것이 시야에서 사라졌고 그 시절에는 사람들의 머릿속에 환경에 대한 관심 자체가 없었다.

당시의 쓰레기는 가죽 · 나무 · 버들가지 · 면이나 양모 등 주로 분해되는 물질들이었다. 이런 물질들은 환경에 큰 문제를 일으키지 않았다. 빈 유리병은 환불받으면 되었고, 분해되지 않는 오래

* 再造林, 본래 산림이었다가 산림 이외의 용도로 전환되어 이용해 온 토지에 인위적으로 다시 산림을 조성하는 일.

된 접시나 도자기 냄비만 내다버렸다. 하지만 제2차 세계대전 이후 상황이 달라졌다. 플라스틱 용기가 점점 많이 생산되었고 일회용 포장이 일반 가정에까지 보급되었다. 플라스틱 쓰레기는 결국 숲에 버려졌다.

이런 방식의 쓰레기 처리가 1970년대에 금지되었다. 아무도 마을 뒤편의 쓰레기장에 쓰레기를 내다버리려 하지 않았다. 남은 방법이 있었다. 쓰레기를 전부 흙 속에 매립하는 것이었다! 이 아이디어는 실제로 실행에 옮겨졌지만 너무 허술했다. 쓰레기를 매립하기 시작한 지 몇 년 만에 더 이상 매립할 수 없는 상태가 되었다. 쓰레기 더미가 흙 위로 삐죽 튀어나왔다. 지금까지도 과거 마을 인근에 버려진 쓰레기가 어느 정도인지 알 수 없다. 결국 지방자치단체에서 더 큰 환경 피해가 발생할 시 보상해주겠다고 합의했다. 시장도 마음 편하게 두 다리 쭉 뻗고 자려면 그럴 수밖에 없었을 것이다.

내가 이 환경 스캔들을 언급하는 이유는 산비탈에 쓰레기를 내다버리던 오랜 습관이 지금까지 계속되고 있기 때문이다. 지역 주민들은 환경에 아무 해가 되지 않는다고 생각하는 것들을 또 다른 산비탈에 내다버린다. 이런 것들의 대부분은 식물성 폐기물로, 플라스틱 화분도 종종 섞여 있다. 또한 건축 폐기물이 예민한 습지대를 뒤덮고 있기도 한다. 물론 곳곳에 녹색 쓰레기 컨테

이너가 있다. 여기에 잔디와 가시덤불을 잘라내고 남은 찌꺼기들을 모아 군郡에 보내면 화분용 흙으로 가공된다. 한편 외진 곳에 위치한 주택 인근에는 정기적으로 검은 연기가 피어오른다. 이런 곳에서는 지금까지도 쓰레기를 소각하여 처리하고 있다. 대부분의 마을 사람은 이런 행위가 옳지 못하다고 여기지만 단호하게 잘라내지 못한다.

저 멀리 스웨덴에서 모험 여행을 시작할 때 우리 가족과 나는 이런 현실에 부딪혔다. 우리는 일주일 동안 말이 끄는 포장마차를 빌렸다. 덕분에 편안하게 스웨덴의 숲속에서 이동하고, 야외에서 잠도 자고 밥도 먹으며 자연을 즐길 수 있었다. 독일을 떠나 목적지에 도착한 우리는 안뜰 입구로 들어갔다. 붉은색으로 칠해진 집이 우리를 기다리고 있었다. 이 집은 비바람에 부서진 축사와 경계를 이루고 있었다. 집주인이 새로운 야외 그릴 장소를 막 설치해놓았고, 그곳의 흙을 갈퀴로 매끈하게 정리했다. 유감스럽게도 그는 우리가 도착하기 전 일을 마무리해놓지 못했던 듯하다. 우리는 흙 속에 감춰져 있던 쓰레기를 보고 말았다. 꽤 많은 양이었다. 제3세계 국가들에서 무분별하게 폐기하는 쓰레기의 양이 훨씬 많은 건 사실이다. 하지만 우리도 똑바로 행동하지 않으면서 쓰레기와 자연을 함부로 다룬다며 제3세계 국가를 비판할 자격이 있을까?

그럼에도 시골 사람들은 자신이 살고 있는 곳의 자연 풍경을 정말 사랑한다. 이런 사랑이 살짝 투박할 뿐이다. 시골의 쓰레기 처리 사례는 인적이 드문 시골 풍경으로 인해 자연을 다른 방식으로 다루게 되었다는 사실을 명확하게 보여준다. 도시에서는 절대 이런 식으로 자연을 다룰 수 없다.

나무들도 이것을 느낀다. 시골에서는 걸림돌이 되는 나무를 바로 베어버린다. 허가? 그런 건 필요 없다. 반면 도시의 상황은 전혀 다르다. 허가 없이 나무를 베는 경우 최대 5만 유로의 벌금이 부과될 수 있다.[81] 도시에는 나무보호법이 있는데 시골에는 왜 이런 것이 없냐며 이의를 제기하는 사람이 있을지 모른다. 바로 이 점에 차이가 있다. 도시 사람들과 이들을 대표하는 의회에서는 나무를 너무 중요하게 여기기 때문에 사사건건 짚고 넘어가려고 한다. 사실 도시 행정 당국에서는 과감하게 나무를 베어내고 안전에 대한 우려를 핑계 삼는다. 어쨌든 도시에서 나무를 더 정확하게 살펴보는 것이 사실이다.

산림 경영의 예에서 확인할 수 있었듯이 시골의 상황은 다르다. 보편적인 관할 구역에서 매년 1만 그루에서 2만 그루의 나무가 벌목된다. 이 정도로는 나무를 거칠게 다룬다고 말할 수 없다. 하절기에는 수관에 새집이 많다. 심지어 조류 보호구역에도 부화기 동안 벌목을 허용해, 수천 마리의 아기 새들이 목숨을 잃는다.

산림감독관들은 나 몰라라 하는 태도로 단기 이행 공급 계약을 참고하라며 보여준다. 반면 정원 소유자들에게는 해가 되지 않는 일에도 벌금을 물린다. 독일연방자연보호법에 의하면 매년 3월 1일부터 9월 30일까지는 가시덤불 가지치기가 금지되어 있다. 하지만 초대형 '새둥지 파괴 기계'로 산림 경영을 하는 경우는 처벌 대상에서 제외된다. 시골 생활은 도시 생활보다 다소 투박할 수 있다. 그러나 이는 더 이상 시류에 맞지 않는 관점으로 보인다.

숲에 적절한 핵심단어는 '시류(유행)에 맞는'이다. 원래 숲은 시간을 초월한 공간으로 수천 년의 시간을 두고 변한다. 하지만 '경영하는 인간'은 숲보다 짧은 생을 살고 생태계를 유행에 맡긴다. 수명이 긴 나무에게 이런 유행은 수십 년 기준으로 바뀐다. 숲은 우리 문화의 과거를 비추는 거울인 셈이다.

24

나무도 유행을 따른다?

잠깐! 이 제목에 속지 마라. 나무라는 존재는 유행을 모르기 때문이다. 인간은 끊임없이 변화하는 것을 좋아한다. 혼자가 아니라 무리로 있을 때만 그렇다. 유행이 시작되면 대부분의 사람은 유행을 따라간다. 나도 여기서 예외가 아니다.

이런 유행은 식물 앞에서도 멈추지 않는다. 과일과 채소의 경우를 살펴보자. 특히 건강 증진 효과가 있다는 '슈퍼 푸드'가 끊임없이 등장한다. 구기자의 브랜드 명인 '고지베리Gojibeere'는 식물학 학명인 '영하구기자Lycium barbarum*'보다 더 고상한 느낌을 준

* 寧夏枸杞子. 중국 닝샤성 지역에서 나는 구기자.

다. 이 관목은 아마 중국이 원산지인 것으로 보이며, 이러한 비자생 외래 식물은 독일 전역에서 한창 인기를 얻고 있다. 약 2센티미터 길이의 작은 다홍색 열매로, 항산화물질 · 필수 지방산 · 철분 · 각종 비타민 등 필수 영양소가 들어 있다고 한다. 사실이라고 믿기에는 너무 좋은 것만 모아놓은 듯하다. 게다가 구기자의 감칠맛은 뮤즐리*의 맛을 더해준다고 한다. 여기까지가 이론이다. 실험정신이 강한 아내와 나는 실험해볼 겸 영하구기자나무를 주문했다. 우리는 꽃이 피고 열매가 맺힐 때까지 기다렸다. 2년째 되던 해 구기자 열매의 맛을 조금 볼 수 있었다. 처음에는 달고 맹맹한 맛이 나다가 괴로운 쓴맛으로 바뀌었다. 건강에 얼마나 좋은지는 모르겠지만, 결국 우리는 구기자 열매를 새들의 먹이로 주었다.

실내 식물에도 유행이 있다. 선인장에서 유카, 스파르마니아에 이르기까지 유행에 따라 다양한 화분이 거실에 들어왔다 나가기를 반복한다. 숲이라고 이런 일이 없으리란 법이 있는가? 숲은 유행을 타기 더 쉬운 공간이다. 앞에서 언급했듯이 대부분은 인간에 의해 조성된 나무 군집이다. 산림감독관이 어떤 수종으로 결정하는지가 유행에 결정적인 역할을 한다. 이에 대해 산림 행

* 통귀리와 기타 곡류, 생과일이나 말린 과일, 견과류를 혼합해 만든 아침식사용 시리얼.

정 당국은 다른 이유를 댈 것이다. 이들은 모든 연구 상태에 의무감을 느끼기 때문이다.

실제로 산림감독관들도 쇼핑을 하듯 나무를 심고 싶은 유혹에 시달린다. 여러분의 경우 독특한 매력을 느낄 수 있는 이국적인 나무를 원할 것이다. 산림감독관들은 관할 지역과 비슷한 기후와 추운 겨울을 비교적 잘 견디는 나무를 심어야 한다. 북아메리카 · 유럽 · 아시아 등 북위도 지방의 숲이 이런 기후다. 그래서 이런 지역에서는 자이언트 세쿼이아*를 자주 볼 수 있다. 나는 바덴뷔르템베르크주의 쉔부흐 자연공원에서 자이언트 세쿼이아 한 그루를 본 적이 있다. 이 나무의 키는 무려 50미터에, 가슴높이 지름**이 1.8미터였다. 너도밤나무와 같은 독일의 고유종은 일반적으로 키가 40미터를 넘으면 기력이 다한다.

세쿼이아는 숲에서 노루와 사슴 사이에 있는 코끼리와 같은 존재다. 숲의 상황은 동물원과 비교하는 것이 더 나을지 모르겠다. 이 '식물 트로피들'은 같은 종의 나무도 없이 혼자 있고, 심지어 그들의 생태계가 너도밤나무와 참나무 사이에 있지도 않다. 완벽하고 정상적으로 돌아가는 숲에서는 수천 종의 생물이 섬세한 조화를 이루며 협력한다. 자이언트 세쿼이아가 가장 큰 나무라고

* Sequoiadendron giganteum, '거삼나무'라고도 한다.

** 사람의 가슴높이에서 측정한 입목의 지름을 말한다. 우리나라는 가슴높이를 지상 1.2미터 기준으로 한다.

할지라도 북아메리카의 숲에 홀로 서 있는 모습은 상상이 가지 않는다.

사람들은 빨리 성장하는 것에 항상 매력을 느낀다. 숲에서 그 주인공은 1960년대에 산림감독관들이 좋아했던 포플러Populus(사시나무속)였다. 당시에는 20년 만에 최대 30미터 높이까지 자라는 발삼포플러Populus balsamifera가 재배 및 교배되었다. 이해를 돕기 위해 독일가문비와 잠시 비교하고 넘어가도록 하겠다. 독일가문비는 성장 속도가 빠른 것으로 유명하지만 20년 동안 10미터 이상 자라지 못한다.

사람들이 포플러의 빠른 성장 속도에 푹 빠진 나머지 놓친 것이 있었다. 나중에 나무를 어떻게 활용할지 생각하지 않았던 것이다. 나무 수요가 많은 성냥 제조업체들이 일회용 라이터의 등장으로 시장에서 밀려났다. 파티클보드* 과일 상자 제조업체들도 비슷한 상황이었다. 굵고 거대하게 성장한 포플러의 나무줄기는 이제 문제가 되었다. 아무도 포플러 목재를 사려고 하지 않았다. 그리고 도로와 숲길에 쭉 늘어선 어린 포플러의 정체가 드러났다. 수관의 가지는 유리처럼 약하고 조금만 바람이 불고 눈이 오면 부러졌다. 결국 포플러는 대대적 벌목 사업을 벌여 처분되었고 목재는 헐값에 팔렸다. 사시나무속에 속하는 수종인 포플러는

* 나뭇조각이나 톱밥 또는 그 둘을 합성하여 만드는 판재의 일종.

단벌기 임업*에서만 르네상스를 맞이했다. 심긴 지 몇 년 만에 얇은 나무줄기가 벌목되고 분쇄되어 바이오매스 발전소에서 연소된다. 다만 이 장의 주제는 숲이 아니라 농경문화에 관련된 내용이므로 더 깊이 들어가지 않겠다.

한때 유행했던 나무 중 대왕전나무가 있다. 라틴어로 'Abies grandis'라고 하는 이 나무의 고향은 아메리카 대륙 북서부 해안이다. 상대적으로 규모가 작은 이 지역에서는 대왕전나무와 다른 침엽수종 나무들이 함께 자란다. 대개 사람들이 나무를 매력적이라고 평가하는 기준이 있는데, 대왕전나무는 이 기준에서 몇 가지를 충족한다. 성장 속도가 특히 빠르기로 유명한 대왕전나무는, 지금까지 독일의 숲을 장악해온 독일가문비보다도 훨씬 빨리 성장한다. 매년 어린 싹들이 최대 1미터 높이까지 자란다. 대왕전나무는 미송과 달리 건기는 물론이고 기후변화로 점점 잦아지는 기상 이변에도 개의치 않는다. 또한 폭풍에도 끄떡없어 보이며 뿌리를 깊이 내리기 때문에 독일가문비 · 구주소나무 · 미송보다 잘 정착한다. 대왕전나무는 19세기 이후 유럽에서 재배되기 시작했다. 그런데 2007년 저기압성 폭풍 키릴Kyrill로 큰 면적의 대왕전나무 숲이 파괴되었다. 이후 수많은 나무가 나중에 활용되기 위

* 목재 생산의 질적 향상보다 양적 향상을 목적으로 속성 수종을 선택하고 관리하는 임업 경영 방식.

해 심겼다. 그중 어떤 종을 선택해야 할까?

내 관할 구역에도 이 나무의 표본 몇 그루가 있다. 실험을 좋아하는 '어느 산림감독관', 아니 내가 수십 년 전부터 독일가문비 재배지에 이 표본들을 섞어놓았기 때문이다. 그사이 이 표본들의 나무줄기가 웅장하게 자라서, 정기적으로 벌목할 수 있는 수준이 되었다. 대부분의 내 동료와 마찬가지로 제재소에서 사용할 목재를 찾던 업자들은 당시에는 이 표본들을 거들떠보지도 않았다. 목재가 연한 대왕전나무는 독일가문비에 비해 품질이 떨어지기 때문에 그만큼 가격도 더 저렴했다. 키릴이 독일을 강타하기 전까지 이런 수종은 아무도 구매하지 않았다. 기후변화에 관한 논의가 진행되면서 이 수종이 다시 언급되기 시작했다. 사람들은 끝까지 침엽수종을 고집했다. 독일가문비 · 구주소나무 · 미송의 미래는 밝지 않은 반면, 대왕전나무는 아직까지 침엽수림을 살리기 위한 수종으로 보인다.

산림감독관이 유행을 타는 나무와 관련 있는 이유는 무엇일까? 답은 간단하다. 산림감독관들은 큰 나무와 독특한 것을 좋아하고, 새로운 발전에 재미를 느낀다. 특히 스스로 무언가를 만들고 싶어 한다. 내 동료들 중에도 이런 관점을 가진 사람이 많다. 산림감독관들도 숲을 꾸미고 싶어 한다. 이런 사고는 "산림감독관은 숲을 만드는 사람들이다."나 "산림감독관이 없는 숲은 쇠약해질 대로 쇠약해져 더는 생존 가능성이 없는 환자다."와 같은 표현에서 가장 많이 드러나고, 실제로 그렇게 생각하는 산림감독관이 많다. 인간이 원하는 바에 맞춰 숲을 바꾸려는 모든 노력을 보면 계속 인테리어가 바뀌는 거실의 모습이 떠오른다. 나무를 장식용 가구로 보는 것, 이보다 자연과 동떨어진 관점이 있을까. 아이러니하게도 내가 몸담고 있는 분야의 사람들, 자연과 더 가까이 있어야 할 사람들이 대도시 거주자들보다 진정한 자연과의 소통에서 더 멀리 있는 듯하다.

25

기후변화의 시대, 다시 어려운 길로 돌아가다

어린 시절 나는 자연보호주의자가 되고 싶었다. 그래서 졸업 후 진로로 산림감독관이 적합하다고 생각했다. 내 상상 속에서 산림감독관은 일종의 숲을 지키는 사람이었다.

지금까지도 산림감독관이라는 직업에는 낭만주의의 숨결이 남아 있다. 산림감독관과 관련된 이야기나 동화뿐만 아니라, 1954년에 제작된 독일 영화 〈은빛 숲의 산지기Der Förster vom Silberwald〉에서도 그런 모습을 볼 수 있다. 이 영화에서 루돌프 렌츠Rudolf Lenz는 새로 부임한 산지기로 산림 지대의 벌목을 막으려고 애쓴다. 앞에서 언급했듯이 대부분의 산림감독관은 자신의 직업에 대해 이런 이미지를 갖고 있고, 자신의 행동이 숲에 긍정적인 영향을 끼칠 것이라고 생각한다. 그들은 숲을 지키기 위해서는 숲을 관리해야 하고, 내버려두면 숲이 망가질 것이라고 이야기한다. 나도 대학에서 공부할 때는 이런 관점을 갖고 있었다. 물론 나는 이런 관점에 나쁜 의도가 있다고 생각하지 않는다. 오히려 정반대다. 산림감독관들은 숲을 사랑하고 숲을 지키는 데 뜻을 둔 사람들이기 때문이다.

기후변화의 시대에 나무는 시시각각 변하는 조건들에 대응하기에는 너무 느리다. 예를 들어 더운 저위도 지방의 나무들은 유럽으로 빨리 이동할 수 없다. 독일의 고유종 나무들 역시 북부 지방으로 쉽게 이동하지 못한다. 이런 변화가 나타나려면 수백 년, 심지어 수천 년까지 걸린다. 우리도 나무도 이미 죽어 사라지고 없는 시간이다. 우리가 어떻게 자연에 개입해야 '씨앗 배달'이나 나무 학교에서의 재배처럼 나무에 도움이 될까?

또한 목재도 생산되어야 한다. 가급적이면 독일 내수 산업에서 필요로 하는 조건을 충족할 수 있는 목재여야 한다. 이러한 다양한 이해관계를 잘 연결하는 것은 결코 단순하지 않다. 모든 일이 원활하게 이뤄지려면 국가 산림 경영이 경제적 측면에서도 잘 돌아가야 한다. 그런데 이 때문에 기분이 언짢아질 때가 많다. 숲은 아직 연구가 제대로 이뤄지지 않았기 때문에 연구 결과를 조작하는 일도 충분히 발생할 수 있다.

한 가지 예를 들겠다. 자연보호주의자들은 메뚜기 · 홍개미 ·

야생벌처럼 따뜻한 기후를 좋아하는 생물들이 감소할 것이라고 경고한다. 이 경우 간벌이 도움이 될 수 있다. 흙에 햇빛이 많이 내리쬘수록 풀과 잡초가 더 많이 자랄 수 있어서 결과적으로 메뚜기 · 홍개미 · 야생벌이 먹을 양식이 많아진다. 게다가 이런 곤충들의 신체가 '활동 온도'에 도달하려면 강한 햇빛을 많이 받아야 한다. 결국 산림감독관들은 자연보호라는 명목 하에 필요 이상으로 많은 나무를 벌목한다. 따뜻한 기후를 좋아하는 생물들은 원래 숲이 아니라 농경지에 서식한다. 농경지에서 서식할 공간을 잃은 이들에게 숲은 농경지를 대신하는 공간일 뿐이다. 재래식 농업을 하는 농부들은 농사에 도움이 되지 않는 것은 전부 살충제를 뿌려 죽인다. 변화가 필요한 사람들은 농부들이다. 산림감독관들에게 벌목으로 숲을 파괴한다며 비난만 할 것이 아니라, 먼저 논밭에 사는 곤충들에게 고향을 되찾아주어야 한다.

너도밤나무 숲에 대한 통계를 보면 알 수 있듯이 지금까지 이곳에 아무 생물도 서식하지 않은 건 아니다. 실제로 너도밤나무 숲에는 약 1만 종의 생물이 서식하고 있다. 너도밤나무 밑은 컴컴하고 습하고 차가운 환경이다. 그런데 이런 환경에서 서식하는 종의 단점은 너무 작거나 징그럽게 생겼다는 것이다. 원래 초원 지대에 서식했던 토끼들은 이제 숲에서도 편하게 잘 지낸다. 반면 진드기와 같은 생물들은 숲 환경에 훨씬 적응하지 못하고 있다.

라인 지방의 훈스뤼크Hunsrück 자연보호구역과 같은 곳에서도 마찬가지다. 나는 그곳에 오래된 방목림이 있다는 사실에 놀랐다. 이곳에 가면 참나무가 듬성듬성 심겨 있는 초지 환경이 펼쳐진다. 과거에 시골 주민들은 이곳에 가축을 방목했고, 가을이면 참나무 밑에 돼지들을 풀어놓고 도축 전에 두꺼운 지방층을 만들기 위해 도토리를 실컷 먹였다.

야생동물들은 이곳을 편하게 느끼지 않는 반면, 나비와 사슴은 매우 편안하게 느낀다. 사람들은 숲에 어린나무들이 정착할 수 있도록 해마다 많은 비용을 들여 잔디를 깎는다. 사슴들은 수변 환경에 방목되는 것을 더 좋아할 것이다. 이런 곳에는 원래 풀보다 나무가 더 많다. 반쪽짜리 초지 환경이 형성된 이유는 과거에는 유빙流氷이 있었기 때문이다. 봄에는 얼어 있던 강물이 다시 녹는다. 눈이 녹으면서 두껍고 무거운 흙덩어리가 수변림水邊林을 통과하는 과정에서 강물이 넘친다. 이때 흙덩어리들에 밀려 어린나무들은 뽑히고 오래된 나무들은 심하게 손상된다. 이런 곳에 풀과 잡초가 자라고, 거대 초식동물의 생활터전인 초지가 형성될 수 있다. 유럽들소 · 말코손바닥사슴 · 야생마는 오래 전에 이미 사라졌지만, 사슴은 멸종 위기에서도 살아남을 수 있었다. 우리가 조금이나마 원래의 서식 환경으로 되돌려놓을 수 있기를 바란다.

물론 우리는 하곡河谷에도 살고, 넓은 면적을 필요로 한다. 매일 아스팔트와 시멘트 바닥이 평지를 부식시키기 때문에, 매년 약 100제곱킬로미터의 면적이 아스팔트 또는 시멘트로 덧칠된다. 이것은 슈바르츠발트, 아이펠, 훈스뤼크 국립공원 규모에 맞먹는 면적이다. 사람들은 이런 구역에 국립공원이 있다는 것을 용납하지 않을 것이다. 게다가 저 아래 골짜기에는 가장 기름진 토양이 있다. 예전에 홍수로 범람했던 지역이므로 영양물질이 특히 많이 들어 있다. 이런 토양은 우리가 먹는 음식뿐만 아니라 동물에게도 매우 유익하다. 하지만 거리와 주택 지대에는 이런 토양이 지하 깊은 곳에 파묻혀 있다. 그래서 초지 환경의 동물들이 원래의 서식지에서는 먹을 것을 구하기 어려워 숲으로 내몰린 것이다. 산림감독관은 나무줄기 사이에 각종 풀과 잡초가 자랄 수 있도록 간벌하여 입목수를 조절한다. 또한 소위 목초 면적(즉 먹이 면적)을 마련하기 위해 벌목하고, 땅을 고르게 정리하고, 씨앗을 뿌리는 것도 산림감독관의 역할이다. 그동안 많은 산림 지대가 집중 산림 경영과 조화를 이루는 가운데, 숲보다는 초원에 가까워졌다.

모든 사람이 숲 혁명가가 될 수는 없다. 여러분이 나무를 위해 할 수 있는 일은 아주 간단하다. 나무를 덜 소비하는 것이다. 내가 나무에 관한 글을 쓰면서 이런 말을 하는 것이 이상하다고 여겨질 수도 있다. 이 글을 읽는 동안 여러분의 손에는 책이 들려 있다. 책은 종이로 만들고, 종이는 나무를 가공해 만든다. 가구 · 지붕틀 · 정원의 울타리도 나무로 만든다. 하지만 이것들의 공통점은 오래 사용하는 제품이라는 것이다. 품질이 좋을수록 더 오래 사용하기 때문에 자주 교체하지 않는다. 이것이 목재를 아끼는 방법이다.

하지만 포장재의 경우는 다르다. 전 세계에서 플라스틱 사용을 금지하고 대신 종이나 판지를 사용하기 위해 애쓰고 있다. 플라스틱이 마지막으로 가는 곳은 바다이므로 플라스틱 사용을 줄이는 것이 바다를 보호하는 길이다. 하지만 이것은 숲에 별 도움이 되지 않는다. 현재 상황으로는 끝없는 나무의 수요를 더 이상 충족할 수 없다. 그런데 수요는 계속 증가한다. 주된 이유로 나무가 친환경 원료로 간주된다는 점을 꼽을 수 있다. 물론 여기에는 두 가지 명확한 이유가 있다. 첫째, 벌목된 곳에는 새로운 나무가 계속 자라기 때문에 재생 가능하다는 것이다. 이것은 임지가 농경지나 주거지로 바뀌지 않는 경우에만 해당한다. 둘째, 나무 사용은 탄소 중립적인 행위로 여겨진다는 것이다. 나무가 난로에서 불탈 때 (그리고 사용된 모든 나무는 언젠가 발전소로 간다) 방출되는 온실가스가, 나무가 자라는 동안 결합된 것보다 많지 않을 수도 있다.

일단 이 주장부터 먼저 짚고 넘어가겠다. 목재를 사용하는 것은 탄소 중립적인 행위가 아니다. 나무에 대한 계산은 맞다. 나무를 사용하거나 연소시킬 때 방출되는 이산화탄소의 양은 나무가 성장하면서 광합성을 하고 나무에서 탄소화합물을 생산할 때 저장되는 양보다 적다. 하지만 이것은 과정의 일부일 뿐이다. 나뭇잎 · 나뭇가지 · 수피 · 열매 · 죽은 나무 등 모든 것은 부식토의 형태로 토양에 축적된다. 게다가 훼손되지 않은 숲은 인간이 사용한 숲보다 2배나 많은 양의 살아 있는 바이오매스를 저장한다. 따라서 나무가 벌목되면 2배의 저장 공간이 비워지는 셈이다. 결국 태양 광선이 토양을 뚫고 들어와 지면을 따뜻하게 데우면서 살아 있는 바이오매스가 줄어들고, 부식토가 토양에서 분해된다. 균류와 박테리아는 활발하게 활동하면서 쉴 새 없이 유기물질을 분해한다. 이렇게 하여 인간의 체내에서 음식물이 소화되듯이 유기물질이 사라진다.

숲 관리와 관련된 모든 과정은 기후에 부정적인 영향을 끼친다. 나무를 태우는 것이나 석유나 석탄을 연소시키는 것이나 기후에 해로운 영향을 끼치기는 마찬가지다. 인간이 손을 대는 순간부터 나무는 친환경 원료가 아니다. 종이는 잔여물을 남기지 않고 분해된다는 점에서만 환경에 도움이 된다. 그런데 회사 로고나 플라스틱 성분이 없는 봉투가 어디에 있는가? 이런 봉투는 튼튼하지 않고 쉽게 찢어지므로 한 번 이상 쓸 수 없다.

로고도 읽어야 하고 포장도 덜해야 한다면 대안이 무엇인가? 유감스럽지만 현재로서는 달리 방법이 없는 듯하다. 현재 전 세계적으로 목재가 부족한 상태이므로, 장기적인 산림 경영 관점에서 판단하면 수요를 충족할 수 없을 것으로 보인다. 원시림의 나무들이 계속 벌목되면서 유칼립투스나 소나무 등 단일림으로 대체되고 있다. 플라스틱 홍수에서 환경을 구하겠다는 생각은 훌륭하지만, 대체 원료인 종이가 또 다른 곳에서 환경 파괴를 재촉하고 있다.

대안은 포장을 줄이는 것이다. 1970~1980년대 독일에서는 '플라스틱 대신 황마를!'이라는 슬로건으로 포장 줄이기 캠페인을 벌였다. 여러 번 쓸 수 있는 장바구니를 사용하고, 본인이 가져온 용기에 우유 · 소시지 · 치즈를 담아 갔다. 1990년대 중반까지 이 캠페인은 활발하게 진행되었다. 지금도 나는 학교에서 몇 년 동안 요구르트 덮개 수집 캠페인을 벌였던 기억이 난다. 요구르트 덮개는 비싸고 에너지를 집중적으로 얻을 수 있는 알루미늄 재질로 만들어졌기 때문이다. 학교에서 이 사실을 학생들에게 명확하게 알려주고자 화학 시간에 알루미늄 생산 공장을 방문했고, 그곳에서 흐르고 있던 강한 전류는 지금도 강렬한 인상으로 남아 있다. 우리 지갑 속 푼돈으로 얼마나 많은 에너지를 생산할 수 있는지 알 수 있었다. 그 후 우리는 더 열을 내며 은박 포일을 모았다. 덕분에 엄청난 양의 알루미늄 바퀴 테가 생산되었다. 지금도 체감 상으로는 차 두 대당 한 대 꼴로 알루미늄 바퀴 테가 사용된다고 느낄 정도다. 당시에는 수많은 알루미늄 자전거를 만들고 환경을 살리겠다는 노력이 감동적인 듯 보였다. 온 국민의 노력이 무색하게도 이 캠페인은 큰 성과가 없었고 결국 중단되었다.

철의 장막이 무너지고 긴장완화 정책의 시대에 진입하면서 유럽뿐만 아니라 신흥공업국과 개발도상국의 경제가 성장하기 시작했다. 환경보호는 완전히 뒤로 밀리지 않았지만 더 이상 매력적인 주제가 아니었다. 그 당시 나는 청소년들과 함께 숲 해설 프로그램을 진행하면서 이런 사실을 알게 되었다. 처음에 청소년들은 많이 배워가고 열의도 보였지만, 2000년대 초반 이후 숲을 알려는 열의는 급격히 감소했다. 그러다 최근 몇 년 사이 환경보호가 다시 중요한 화두로 떠올랐다. 이번에는 환경에 대한 관심이 더 오래 이어질 것으로 보인다. 핵심 화제는 당연히 기후변화다. 우리가 나무를 바이오 연료로 보지 않는 한, 자연에서 우리와 나무의 동맹 관계는 계속 유지될 수 있을 것이다.

26

기후변화와의 전쟁에서 숲과 연대하는 법

모든 사람이 이산화탄소에 대해 뱀을 보고 겁내는 토끼처럼 두려워한다. 이산화탄소라는 기체는 물처럼 쉽게 크기를 가늠할 수 없다. 물이 증발하면 온도가 내려가는 효과가 있다는 사실은 누구나 안다. 여름에 우리 몸에서 나는 땀도 이 효과를 이용한 것이다. 날이 더우면 우리 몸은 땀을 흘리게 함으로써 체온이 심하게 올라가지 않도록 조절한다. 숲도 비슷하다. 나무는 엄청난 양의 물을 증발시킨다. 너도밤나무의 경우 무더운 여름날에는 최대 500리터까지 수분을 증발시킬 수 있다. 이러한 증발 효과는 심지어 우리도 느낄 수 있는 정도로 숲의 온도를 떨어뜨린다. 이처럼 나무가 특정한 목표를 가지고 의도적으로 만들어내는 효과는 초지에서 숲으로 이행되는 과정에서 그 차이를 뚜렷하게 느낄 수 있다.

대부분의 수종은 더운 것보다는 습하고 찬 것을 좋아한다. 온건한 기후의 북위도 지방에 사는 나무들이 대개 그렇다. 이 지역에는 지구에서 가장 큰 나무들이 서식한다. 춥고 습하면 토양에서 수분이 많이 증발하지 않는다. 이런 조건에서 광합성이 아주 활발하게 이뤄진다. (기상학자이자) 유명한 TV 기상 캐스터 스벤 플뢰거가 한번은 이런 것까지 자신의 눈에 잘 띄는지 몰랐다고 말한 적이 있다. 해가 높이 뜨는 4월에는 기온이 올라갔다가, 5월이 되면 처음에는 체감할 수 있을 만큼 기온이 다시 내려간다. 그 이유는 나뭇잎이 돋아나고 잎에서 증산 작용이 일어나기 때문이다. 이것을 느낄 수 있다는 것 자체가 이미 놀라운 일이다. 현재 독일의 활엽수림 면적은 12퍼센트밖에 남아 있지 않기 때문이다. 남은 면적은 숲을 시원하게 해주는 효과를 지닌 오래된 나무들이 아니라, 대개 매우 어리고 물 관리 기능이 제대로 돌아가지 않는 나무로 가득한 경제림이다. 냉각 효과가 남아 있다는 것이 놀라울 뿐이다. 냉각 효과도 당연히 아주 미약한 수준이다.

훼손되지 않은 거대한 숲들이 대륙의 절반을 차지하고 있다. 여러분은 이런 숲들이 지구의 기온을 어떻게 조절하는지 상상할 수 있는가? 만일 그렇다면 여러분은 많은 정치인보다 훨씬 앞서 있다. 정치인들은 나무를 벌목하면서 동시에 기후변화를 위해 싸우고 싶어 하기 때문이다. 게다가 나무를 태우는 것이 기후 중립적이라고 주장한다. 한 그루 벌목할 때마다 나무를 새로 심으며, 그렇게 영원한 순환이 이뤄지도록 하자는 것이다. 이들에게는 나무가 죽은 후 마지막 단계에서 박테리아와 균류가 분해되든지 말든지, 나무가 난로에 들어가든지 말든지 상관없는 일이다. 두 경우 모두 나무는 이산화탄소로 바뀌어 대기에 도달한다. 물론 죽어서 분해된 나무가 대기 중에 기체 형태로 도달하는 것이 아니라, 대부분 부식토의 형태로 토양 속에 남아 있다. 이곳에서 나무들은 온실가스를 탄소의 형태로 수천 년 동안 저장한다. 인공조림보다 원시림의 나무들이 훨씬 나이가 많기 때문에 바이오매스인 이산화탄소를 훨씬 많이 저장해놓고 있다.

반면 일정하게 줄지어 서 있는 독일가문비와 구주소나무는 이산화탄소 저장고로 적합하지 않다. 여기에는 다른 이유가 있다. 독일가문비와 구주소나무는 벌목이 아니라도 저기압성 폭풍과 같은 자연재해로 쓰러져 종종 생을 마감한다. 활엽수와 달리 침엽수는 겨울에도 화려하게 푸른 잎을 달고 있어서 바람에 대한 저항력이 더 강해야 한다. 나무의 키가 25미터를 넘으면 폭풍에 흔들리는 수관의 지렛대 효과가 너무 커서 쓰러지는 나무가 많다. 쓰러진 나무는 토양 위에 있다가 부패하거나 목재로 사용된다(나중에 오래된 목재는 불에 태워진다). 두 경우 모두 이산화탄소가 완전히 재방출된다.

완전히? 좀 전에 내가 숲에 있는 죽은 나무의 대부분이 부식토의 형태로 토양에 영원히 남는다고 말하지 않았는가! 맞는 말이다. 하지만 이것은 곳곳에 늙은 나무가 죽어 있는 원시림에만 해당하는 얘기다. 숲에서 나무 몇 그루가 죽는다고 미기후*에 영향을 주지 않는다. 그럼에도 숲은 서늘하고 그늘이 있다.

반면 벌목지나 폭풍에 쓸려나간 바닥의 상황은 완전히 다르다. 이런 곳에는 햇빛이 가차 없이 강렬하게 쏟아져서 박테리아와 균류가 가장 활개를 친다. 박테리아와 균류는 쉬지 않고 모든 유기물질을 분해하고 마지막 남은 목재는 대기 중에 이산화탄소의 형태로 도달한다. 이것은 대체로 제재製材에도 도움이 된다. 한번은 규모가 큰 환경 연합의 간부가 수명이 긴 목재 제품의 평균 체류기간이 겨우 12년이라고 나한테 말해주었다. 책, 가구 또는 건축용 목재 폐기물이 소각 시설에서 연소되면 저장되어 있던 이산화탄소가 전부 재방출된다. 숲의 토양에 포함되어 있는 엄청난 양의 부식토와 함께 1제곱킬로미터당 최대 10만 톤의 온실가스가 대기 중으로 방출된다. 여기에서 끝나지 않는다.

앞에서 설명한 냉각 효과는 생각보다 훨씬 크다. 중부 유럽 등 기후가 온건한 북위도 지방이 이 지역 고유종인 너도밤나무 숲으로 뒤덮여 있었다면, 최근 몇 년처럼 여름에 심각한 무더위 현상

* 微氣候, 지면에 접한 대기층의 기후. 보통 지면에서 1.5미터 높이 정도까지를 그 대상으로 하며, 농작물의 생장과 밀접한 관계가 있다.

이 나타나지 않았을 것이다. 과연 온도계 수은주가 30도까지 올라갔을지 의문이다. 당연히 이러한 고찰에는 모순이 있다. 이 시나리오에는 기후변화에 불을 지핀 현대 산업사회의 영향이 반영되지 않았다. 하지만 지금까지 남아서 재조림이 계속 이뤄지는 숲들도 있다. 이런 숲, 특히 자연적으로 생성된 숲이 아니라 재배된 수종이 있는 숲은 별로 시원하지 않다. 독일에서 가장 흔한 수종인 독일가문비는 너도밤나무나 떡갈나무보다 짙은 색을 띤다. 이 때문에 독일가문비는 열을 훨씬 많이 받는다.

막스플랑크 기상학연구소 킴 나츠Kim Naudts 연구팀은 지난 300년간 유럽에서 엄청난 규모의 재조림이 이루어졌지만 산림 경영으로 일어난 기상 변화는 여름 기온이 0.12도 상승한 것이라는 연구 결과를 발표했다.[82]

작다고 생각되는가? 최근 지구 온난화로 인한 기온 상승폭을 1.5도에서 2도 사이로 제한해야 한다는 논의가 강력하게 제기되고 있다. 비교해보면 알 수 있듯이 소수점 뒤의 숫자가 상당히 큰 역할을 한다. 지구 평균기온이 1.5도 상승한다고 가정하면(조만간 이 수준에 도달할 것이다), 0.12도는 8퍼센트에 해당하는 수치다. 이것은 인도 등 한 국가에서 배출하는 온실가스 총량이 지구 온난화에 끼친 것보다 더 높은 비중이다.[83]

여기에서 조심하길 바란다. 이 비교는 지역적으로만 적용할 수 있다! 유럽의 산림 경영이 유럽의 온도 상승에만 영향을 끼친 반면, 기체 혼합 등 산업 시설에서 배출하는 온실가스는 전 세계적으로 영향을 끼친다. 이 비교는 약간 어설프기는 하지만 진실을 말해준다. 지역 기후가 얼마나 많이 상승하는지, 그리고 우리가 지역적 조치를 통해 그 영향을 얼마나 약화할 수 있는지가 인간에게 중요한 역할을 부여하기 때문이다. 지역적 기후변화와 세계 평균기온 상승 현상 사이의 상관관계가 얼마나 낮은지는 특히 북극 지역을 보면 알 수 있다. 숲이 많은 이 지역은 현재 기후변화의 영향을 크게 받고 있다. 알프레드-베게너 극지방연구소의 마르쿠스 렉스Markus Rex 교수에 의하면 북극 지방의 기온이 지구 평균기온보다 2배 이상 빠른 속도로 상승하고 있다.[84] 이것이 2018년 2월과 같은 이상 기온을 초래한다. 당시 그린란드와 같은 극지방의 한밤중 기온이 무려 영상 6도였다.

시베리아 · 스칸디나비아 · 북아메리카의 숲은 툰드라 기후로의 과도기 직전에 형성되어 혹한에 적응된 상태다. 이 숲들은 현재 새로운 도전에 직면해 있다. 원래 이 지역의 여름은 짧고 서늘하다. 물이 부족해도 그다지 큰 영향을 받지 않는다. 그런데 짧은 기간에 상당량의 수분이 증발된다면 어떻게 될까? 6월에 마지막 눈이 녹았고, 첫눈이 9월에 내렸다. 그사이에 광합성이 조금 이뤄졌다. 이것은 나무의 성장이 매우 느린 경우에만 충분한 양이다. 여기서 더 북쪽으로 올라가면 나무, 특히 큰 나무가 나타나지 않는다. 영양생장기가 몇 주밖에 되지 않기 때문에 작은 덤불이나 풀밖에 자랄 수 없다. 이곳의 나무는 키가 30센티미터를 넘지 못하여 식물학적으로 덤불(관목)로 분류된다. 이 지역에는 월귤*, 지의류와 함께 작은 자작나무, 작은 버드나무가 줄지어 서 있다. 이들은 1년 중 대부분의 시간을 높게 쌓인 눈 아래에 움츠리고 있다.

이제 상황이 달라졌다. 기후변화로 하얗게 쌓인 눈이 점점 빨리 녹고 있다. 겨울도 늦게 찾아온다. 식생 지역 경계선도 계속 이동하며, 강수량에도 뚜렷한 변화가 나타났다. 몇 년 전 한 순록치기가 이 지역에 눈이 많아졌다고 말해준 적이 있다. 이것은 순록에게는 치명적이다. 순록은 무리를 지어 지의류를 찾으러 다니기 때문이다. 눈이 많이 쌓일수록 지의류를 찾으러 다니기 어려워지고 더 많은 에너지를 소비할 수밖에 없다.

기본적으로 생태계의 변화가 어떻게 일어나는지 알래스카의 예를 보면 알 수 있다. 이 지역 비버들은 점점 북쪽 지방으로 퍼지고 있다. 기온이 상승하여 덤불과 작은 나무들이 뿌리를 내려 크

* 越橘, 진달랫과의 상록 소관목. 높이는 20~30센티미터 정도이며 잎은 어긋나고 딱딱하며 달걀 모양이다. 초여름에 빨간 꽃이 조그맣게 피고 열매는 장과漿果로 빨갛게 익는데 신맛이 난다. 한국의 금강산 이북, 중국, 일본, 북반구의 한대에 분포한다.

게 자랄 수 있게 되었는데, 이것이 비버에게는 좋은 일이다. 먹이와 집을 지을 재료로 사용할 나뭇가지와 나무줄기가 필요하기 때문이다. 비버는 예전에는 메마른 땅에 작은 둑을 쌓아 저수지를 만들었다.[85] 독일의 환경보호주의자들은 기뻐서 춤출 일이지만, 북극 지방 연구자들은 우려를 나타내고 있다. 새로운 하천에서는 토양의 영구 동토*가 훨씬 빨리 녹기 때문이다. 또한 그 안에 저장되어 있는 유기물질이 분해되어 대기 중으로 온실가스를 방출한다.

그런 이유로 비버들은 점점 북쪽으로 이동하고 있다. 먹이와 집을 지을 재료인 목본식물을 찾아 옮겨가게 되었기 때문이다. 나무가 북극 지방을 재점령하고 있다고도 말할 수 있다. 여기에는 기후적 관점에서 긍정적인 효과가 있다. 나무는 이산화탄소와 결합하고 목재의 형태로 이것을 저장한다. 하지만 이보다는 북위도 지방에 진짜 숲이 더 많이 형성되는 것이 더 낫다. 북위도 지방의 숲에 이산화탄소가 저장된다면 북극의 툰드라 지대가 사라지지 않고 계속 남아 있을 것이기 때문이다.

숲을 계획적으로 조성하려는 사람들, 특히 산림감독관들의 관점에 대해서는 이미 여러 차례 언급했다. 나무 사용은 기후 중립

* 永久凍土. 지층의 온도가 연중 섭씨 0도 이하로 항상 얼어 있는 땅. 한대 기후에 해당하는 남극과 북극 · 시베리아 · 알래스카 · 그린란드 · 캐나다의 일부 지역에서 볼 수 있다.

적 행위가 아니라, 온실 효과를 오히려 부추긴다. 산림 행정 당국이 나무를 사용하는 것이 기후 중립적이라고 주장하고 있어서 이렇게 같은 말을 여러 번 반복한다. 이들은 정치인들에게 침엽수를 더 많이 심어야 한다고 조언한다. 침엽수를 벌목해 목재를 트러스나 가구로 사용하면 기후적 측면에서도 이익이라는 것이다. 이들은 목재 제품에 이산화탄소가 계속 저장되어 있다고 한다. 이 부분을 확실히 하기 위해 킴 나츠 연구팀의 연구 결과를 다시 언급하려고 한다.

이들이 침엽수 재배를 반대하는 이유가 몇 가지 있다. 독일가문비 · 구주소나무 · 미송으로 구성된 인공조림은 폭풍이나 곤충의 습격에 매우 취약하다. 유난히 더웠던 2018년에 유럽뿐 아니라 전 세계의 침엽수림이 제곱킬로미터 규모로 나무좀의 습격을 받고 병들어 죽었다. 병든 나무를 치료한 후에도 수많은 나무가 벌목되어야 했고, 벌목지에서 앞에서 설명했던 엄청난 양의 온실가스가 배출되었다.

숲에 대한 잘못된 이해로 자연을 파괴하는 행위의 정점은, 기후를 보호한다는 이유로 화력발전소의 연료로 나무를 태우는 것이다. 영국의 드랙스Drax 화력발전소가 이런 일을 하고 있다. '플랫폼-숲-기후(https://plattform-wald-klima.de/)'의 보도에 의하면 드랙스 화력발전소는 기둥 모양의 작은 목재인 펠릿을 미국이나 동남아시아에서 수입했다고 한다. 펠릿 난방용 목재는 습지가 많은 숲에서 벌목한 것이다. 이 숲의 토양은 엄청난 양의 온실가스를 대기 중으로 배출한다. 2018년 700만 톤의 목재가 연소실에서 연소되어 이산화탄소와 물로 분리되었다. 영국 정부의 연구 결과에 의하면 이 조치를 통해 발생한 이산화탄소의 총량은 석탄을 연소하는 것보다 기후변화에 3배 더 영향을 끼친다고 한다. 대체 왜 이런 일을 할까? 화력 발전에 어떤 원료가 사용되든 상관없이 서류와 최신 목재 규정에 기후 중립적이라고 쓰여 있기 때문이다.

믿기 힘든 일이지만, 드랙스는 향후 연기에서 이산화탄소를 분리해 양조장에 판매할 계획이라고 한다.[86] 이산화탄소는 탄산의 형태로 음료에 혼합되어 있다. 그렇게 많은 양의 맥주를 판매하는 것은 불가능하다. 일단 이 점은 제쳐두더라도 탄산이 다시 이산화탄소의 형태로 빠져나간다는 것쯤은 모든 소비자가 아는 사실이다.

기후 보호를 위해 개인적으로 나는 이런 목표를 두고 있다. 목재 소비량을 줄이는 동시에 최대한 많은 숲 면적이 복구될 수 있도록 하는 것이다. 원시림은 기후변화와의 전쟁에서 우리의 가장 든든한 동맹군이기 때문이다.

27

지구에서 가장 오래된 나무, 올드 티코를 찾아서

지금으로부터 9,550년 전 우리 조상들은 아직 석기시대를 살고 있었다. 농경이 발명된 지 얼마 되지 않아 아직 널리 보급되지 않은 상태였다. 그 유명한 아이스맨 외치*도 약 5천 년 후 갑자기 우리 앞에 나타났다.

대단치 않았던 이 사건이 지금까지도 반향을 일으키고 있다. 스웨덴 산악 지대의 흙에 외로운 독일가문비 씨앗 한 알이 떨어져 싹을 틔웠다. 올드 티코Old Tjikko가 탄생한 순간이다. 당시 이 작은 나무는 이름도 없었다. 수백만 그루의 나무 가운데 하나였다. 가장 눈에 띄는 특징은 강인함이었다. 이 나무는 수차례의 기후변

* **Ötzi**, 알프스 지역에서 발견된 청동기시대의 자연 미라로, 알프스 외츠탈 봉우리를 따 '외치'라는 이름이 붙었다.

화, 기상재해, 굶주린 동물들의 공격에도 굴하지 않고 살아남았고 현재 지구에서 가장 오래된 나무로 여겨진다. 나와 같은 나무 애호가에게 최고령 나무 올드 티코를 한 번쯤 방문하는 건 당연한 일이었다.

2018년 5월 10일이 되었다. 스톡홀름과 모라Mora를 지나자 길은 점점 좁아지고 교통이 한산해지면서 전형적인 빨간색과 하얀색 주택들의 간격이 점점 벌어졌다. 드디어 나는 플루피아엘레Fulufjället 국립공원의 마지막 갈림길로 접어들었다. 오래된 나무와 급류가 흐르는 개울 사이에 작은 길이 굽이치고, 눈이 한창 녹고 있는 중이었다. 국립공원 앞의 텅 빈 주차장에는 차 한 대만 있었다. 이제 막 산행 시즌이 시작되려 할 때였다. 딱 한 대뿐인 오프로드 차량은 산행을 안내할 가이드 세바스티안 키르푸Sebastian Kirppu의 것이었다.

그가 아직 국립공원으로 이동 중인 나한테 전화를 걸어왔다. "차와 커피 중 뭘 드시겠어요?" 최고였다. 시계를 볼 필요 없이 편한 하루를 보낼 수 있으리라는 예감이 들었다. 우리는 먼저 껌을 씹으면서 주변을 둘러보았다. 방문객 안내센터가 아직 문을 열지 않아서 우리는 그냥 밖에 나와 있었다. 나는 올드 티코를 볼 수 있다는 기대감에 벌써부터 들떴다!

산악 지대 위로 햇빛이 내리쬐고 있었다. 날은 따뜻했다. 따뜻함이 부자연스럽게 느껴질 정도였다. 세바스티안은 힘든 산행이므로 스노 슈즈를 준비하는 것이 좋겠다고 미리 겁을 주었다. 막상 가보니 눈은 거의 녹아 없어진 상태였고 기온이 20도가 넘어서 길은 말라 있었다. 산행이라기보다는 산책에 가까웠다. 하지만 알 수 없는 무언가가 숨겨져 있었다.

날씬한 목조 다리를 건너고 작은 늪을 하나씩 지날 때마다 나무 그룹들이 바뀌었다. 1미터도 채 못 가서 세바스티안은 길옆으로 빠져나와 나와 함께 신발에 묻은 눈을 털었다. 우리는 2미터 정도 올라갔을 때 부러지고 반쯤 썩은 소나무 그루터기 옆에 잠시 멈춰 섰다. "여기서 우리가 꼭 보고 가야 할 것이 있습니다." 세바스티안은 선명한 녹색의 작은 지의류를 가리켰다. 이 식물은 마치 꼬마 덤불처럼 죽은 나무에 매달려 있었다. "만지지 마세요! 옛날 사람들은 늑대를 죽이는 데 이 식물의 독을 사용했답니다!" 그는 나한테는 만지지 말라고 하더니 본인은 검지로 이 식물을 찔러보았다.

세바스티안으로부터 이 식물이 멸종 위기에 처해 있다는 말을 듣고 나니 이 작은 존재에 연민이 느껴졌다. 늑대이끼Letharia vulpina의 성장 조건은 워낙 특별해서 현대적 산림 경영 환경에서는 마땅한 자리를 찾기 어려울 뿐더러 아주 오랜 시간이 필요하다. 늑대이끼가 자라려면 먼저 숲에서 소나무가 자라야 한다(독일가문비에서는 늑대이끼가 자라지 않는다). 또한 이 소나무는 아주 나이가 많아야 한다. 최소한 몇 백 살은 되어야 한다. 소나무가 죽으면 나무줄기는 수백 년에 걸쳐 붕괴된다. 나무줄기가 서서히 수축되면서 갈라지고 쪼개지지만 부패하지는 않는다. 소나무의 목질부에 나뭇진이 많이 들어 있기 때문이다. 이렇게 긴 시간이 흐르고 난 후에야 늑대이끼가 자리 잡고 푸른 잎을 피울 수 있다.

이 말에 너무 깜짝 놀라서 나무줄기를 올려다보았다. 독일에도 그렇게 나이 많은 나무들이 있는 숲이 존재할까? 있다고 해도 아마 늑대이끼는 없을 것이다. 늑대이끼가 자라려면 시간을 초월한, 아주 나이 많은 숲이 필요하다. 이러한 숲이 필요한 또 다른 존재가 있다.

우리는 자연스레 현대 산림 경영에 관한 논의로 빠져들었다. 스웨덴뿐만 아니라 독일의 국립공원에서 볼 수 있듯이 현대 산림 경영 체제는 이처럼 망가지기 쉬운 서식지의 복잡성을 깊이 이해하지 못한다.

세바스티안이 벌써 몇 미터 앞서 있어서 나는 더 이상 우울한 감상에 빠져 있을 시간이 없었다. 올드 티코를 만나려면 아직 한두 시간 더 가야 한다! 비슷비슷한 나무 그루터기, 소나무만 계속 나타났다. 이번에는 불에 탄 흔적이 있었다. 흥미로운 것이라곤 아무리 눈을 씻고 찾아봐도 없었다. 세바스티안은 조그만 확대경을 꺼내더니 아주 작은 점을 가리켰다. 이런 지의류가 또 자라려면 엄청난 시간이 필요하다. 늑대이끼와 달리 이것은 다른 성분이 필요하다. 바로 숲이다. 숲이 만들어지려면 나무의 나이는 적어도 백 살쯤이고, 이처럼 오래된 나무의 표면에 있어야 한다. 이런 곳에서만 숲은 편안함을 느낀다. 하지만 이것은 무시되기 일쑤다.

나를 포함해서 일반 숲 방문객들은 스웨덴 산악 지대 숲을 장식한 화려한 꽃들의 아름다움에 넋이 나가는 반면, 천천히 성장하는 지의류에는 아무 관심도 보이지 않는다. 원시림을 없애고 인공조림을 조성하여 지의류가 사라질 때조차 아무도 눈물 흘리지 않는다. 당연히 세바스티안은 예외다. 그는 굶주려 있는 목재업계에서 더 많은 숲에 손대지 못하도록 갖은 노력을 다하고 있다. 사라져가는 원시림을 살리기 위해 그는 벌목 예정인 원시림을 찾아다니고 있다.

해당 구역 관할 산림감독관들은 대개 원시림에 희귀종이 살고 있다는 사실을 대수롭게 여긴다. 그나마 이 사실을 인정한다는 사람들도 희귀종 보호를 위해 지름이 몇 미터밖에 되지 않는 나무섬을 허용하는 정도다. 이것은 전 생명 공동체가 살기에는 너무 작다. 세바스티안은 이 상황을 다른 모든 것이 파괴되고 고층 빌딩 하나만 남은 도시에 비유해 설명한다. 그러면 모든 도시 거주자가 마지막 남은 이 빌딩으로 이동해야 한다. 당연히 이것은 불가능하다. 이와 마찬가지로 원시림이 사라지면 수천 종의 생물들은 하루아침에 집을 잃는 셈이다. 세바스티안은 벌목 직전에 작업을 중단시킴으로써 여러 차례 원시림을 지켜내는 데 성공했다. 자신이 해낸 일에 충분히 자부심을 가져도 될 텐데 그는 이 정도로 만족하지 않았다.

가파른 길을 올라 고원에 도착하기 전 우리는 인상적인 폭포 앞에서 잠시 쉬었다. 눈이 녹아 생긴 엄청난 양의 물이 절벽 아래로 떨어지면서 물거품이 일었고 햇빛에 반짝거렸다. 운동화를 신은 사람들이 이 지점까지 들어와 작업을 하고 있었다. 그러고 난 다음, 이들은 셀카를 찍고 콜라 캔을 주변 아무데나 던져버리고 돌아갔다. 자연이 어떻게 관광 이벤트로 전락하는지 확인할 수 있는 장면이었다. 관광 이벤트의 관심사는 집에 돌아간 후에도 생생한 감동을 느낄 수 있는 사진뿐이다. 하지만 대부분의 관광객은 폭포 옆 가파른 절벽에 매가 둥지를 튼 모습을 그냥 지나친다.

길은 점점 가팔라졌고 우리뿐이었다. 눈밭과 자갈밭을 지나 고원으로 올라갔다. 이곳에서 우리는 숨 막히게 아름다운 국립공원 원경을 바라보았다. 유감스럽게도 개별 지역과의 경계가 뚜렷하게 드러나 있었다. 이것은 산림 경영을 한 인간이 자연의 녹색 지붕에 남겨놓은 상처의 흔적이었다. "저 뒤에 있습니다!" 세바스티안은 지평선 위의 작은 녹색 삼각형을 가리켰다. 우리는 말라붙은 지의류를 장화 발로 쾅쾅 밟으면서 목적지를 향해 갔다.

드디어 목적지에 도착했다. 우리 앞에는 바람결에 흩날리는 독일가문비가 서 있었다. 독일가문비는 녹색 나뭇가지의 푹신한 쿠션 위로 우뚝 솟아 있었다. 주변에는 고원의 황량함을 한층 더 강조하는 바위 덩어리밖에 없었다. 그 순간 어떤 생각이 내 머리를 스치고 지나갔을까? 나는 눈물 흘리지는 않았지만 큰 감동을 받았다. 잠시 아무 말 하지 않고 이 작고 보잘것없는 나무가 이 높은 곳에서 얼마나 오랜 세월을 견뎠을지 상념에 잠겼다. 이곳에서 씨앗이 싹을 틔운 후 1만 년에 가까운 세월이 흘렀다. 그사이 매머드가 멸종했고 스톤헨지가 세워졌으며 피라미드가 건축되었다. 냉한기에서 온난기, 온난기에서 다시 냉한기로 여러 차례 기후변화가 있었다. 하지만 독일가문비는 털끝 하나 상하지 않은 채 꼼짝 않고 그 자리에 서 있었다.

독일가문비는 기후변화 외에는 별로 많은 것을 경험하지 않았을 것이다. 이것은 사실이라기보다는 인간의 상상에 가깝다. 올드 티코는 매우 더디게 성장했기 때문에 그만큼 오래 살 수 있었다. 느린 성장은 느린 성숙을 의미한다.

성장이 더딘 이유는 주변 환경의 영향이 크다. 이곳의 영양생장기는 아주 짧은 데 반해, 겨울은 길고 혹독하다. 엄청난 양의 눈이 녹으면서 나무줄기에 굴곡이 생겼다. 그 결과 측면 가지가 리더 역할을 하면서 중심 싹을 새로 틔웠다. 당시 나무는 '겨우' 백 살이었다. 원래 오래된 독일가문비가 있는 땅에는 뿌리줄기와 야생덤불이 자란다.

이때 나는 나무라는 존재에게 정말 중요한 것이 무엇인지 또 다른 질문을 던져보았다. 우리가 보편적으로 생각하듯이 나무줄기일까? 아니면 수천 년 세월을 견딘 고령의 독일가문비에 저장되어 있는 기억일까? 최근 내 생각은 점점 기억이라는 쪽으로 기울고 있다.

세바스티안과 나는 도시락으로 가져온 납작한 호밀빵에 치즈를 먹고 블루베리 주스를 마셨다. 세바스티안은 공원 관리 운영상 올드 티코로 가는 길을 표시해야 하는 것은 아닌지 고민 중이라고 했다. 많은 관광객이 플루피아엘레 국립공원까지 와서 산속에서 올드 티코를 찾다가 잔뜩 실망하고 화가 난 채로 매표소에 온다고 한다. 올드 티코를 못 찾았다고 따져 묻기 위해서다. 그럴 수밖에 없는 것이 관광객들이 이곳을 방문하는 목적이 올드 티코를 보는 것이기 때문이다.

길을 표시한다? 이 아이디어는 전혀 마음에 들지 않는다. 나는 부서질 듯 연약한 이 독일가문비를 볼 때마다 수천 명의 '기념사진' 관광객들이 떠오른다. 이들의 방문 목적은 작은 나뭇가지를 전승 기념물처럼 들고 셀카를 찍고 돌아가는 것이다. 이런 상황이 오래 지속되면 아무래도 문제를 일으키지 않을 수 없다.

지금까지 올드 티코의 위치가 지도에는 애매하게 표시되어 있었다. 얇고 하얀 줄이 5미터 간격으로 30센티미터 높이의 작은 말뚝에 묶여 있다. 이러한 '차단 표시'는 사람들이 예민한 뿌리를 밟지 못하도록 하기 위해 설치해놓은 것이다. '차단 표시' 밖 습지 토양의 모든 지의류는 이미 사람들의 발에 밟힌 상태다. 올드 티코의 뿌리는 나무줄기부터 땅까지 거리의 최소 2배에 해당하는 거리까지 뻗쳐 있다. 따라서 뿌리는 방문객들에 의해 이미 훼손되어 있는 셈이다. 나는 곱절로 고민하지 않을 수 없었다. 사이즈가 48(320밀리미터)이나 되는 내 발에 연약한 지의류가 밟히면 저세상으로 가기 십상이다. 최악인 것은 나 때문에 많은 사람이 이 귀한 식물 자원을 볼 수 없다는 것이다. 앞으로 계속 밀려들 관광객들에게 나는 죄책감을 느끼지 않아도 되는 것일까? 이런 생각들이 나를 괴롭혔다. 이러한 자연의 보고와 훼손되지 않은 생태계는 많은 사람에게 희망을 주고 우리 환경을 새로운 방식으로 접근할 수 있게 해준다. 내가 이런 것들에 대해 더 이상 보고하지 않는 편이 나을까?

아니면 다른 방안이 있을까?

첫 번째 대안은, 지금 하고 있는 것처럼 관광 시즌에는 하루에 한 번 가이드가 안내하는 올드 티코 투어를 진행하는 것이다. 두 번째 대안은, 첫 번째 대안보다 더 나을지는 모르겠지만, 가이드 투어를 허용하지 않고 대기자 리스트 제도를 만드는 것이다. 콘서트에서도 티켓이 매진된다. 스타 나무들에게도 이 시스템을 적용하지 못할 이유는 없지 않을까? 마지막 세 번째 대안은, 관광객의 출입을 전면 금지하는 것이다. 하지만 나는 이 대안은 아니라고 생각한다. 인간의 접근을 차단해 자연보호를 할 경우 결국 보호를 받는 공간에 대한 관심도 줄어들 것이다.

골짜기 아래로 내려와 우리는 국립공원 입구 매표소에 다시 한 번 들렀다. 세바스티안의 여자 친구 헬레나가 들어오더니 소시지 한 조각을 건넸다. "시베리아 어치한테 줄 겁니다."라고 말하면서 말이다. 이 새는 추운 겨울을 피해 중부 유럽에서도 한참 남쪽까지 이동해 먹이를 구하면서 시베리아 어치라는 이름을 얻게 되었다. 수백 년 전 시베리아 어치의 등장은 혹한과 폭설 같은 악천후를 예고했다. 이것은 찢어지게 가난한 백성들에게 큰 불운이었다. 시베리아 어치는 불운을 가져온다고 하여 붙여진 이름*이다.

플루피아엘레 국립공원에서 동물들은 관광객들의 기분을 유쾌하게 해주는 존재다. 작은 지의류 체험만으로는 충분치 않다. 순한 새들은 실망한 숲 여행자들의 기분을 달래줄 것이다. 그래서 엉성한 지도 때문에 올드 티코를 찾지 못해 언짢았던 마음이 사라질 것이다.

이제 문제의 핵심을 짚어보자. 많은 방문객이 국립공원을 정신

* 시베리아 어치의 원어는 '**Unglückshäher**'로, **Unglück**은 불행 · 불운, **Häher**는 어치라는 뜻이다.

없이 둘러보고 가는 바람에 멋진 풍경을 보고도 흥미나 매력을 느끼지 못한다. 최고의 전문성을 지닌 생물들로 가득 찬 이곳에는 흥미를 별로 갖지 않는다. 관광객들의 관심은 폭풍에도 끄떡 않고 산 뒤편에 꼿꼿이 서 있는, 고령의 볼품없는 작은 나무 한 그루에 가 있다. 이 독일가문비는 외관상 눈에 띄는 것이 없다. 단지 역사일 뿐이다. 9550년 전부터 생존을 위해 싸우며 어쩌면 다음 천 년을 또 버텨낼 수 있다는 사실만으로도 관광객들의 흥미를 끌기에 충분하다. 이곳에는 작은 독일가문비가 바닷가의 모래처럼 많다. 수많은 독일가문비 중 올드 티코를 구분할 수 있는 기준은 나이뿐이다.

아직 세바스티안과의 투어는 끝나지 않았다. 그는 주변의 다른 원시림을 꼭 보여주고 싶어 했다. 우리는 원시림도 보았다. 또한 수없이 쌓여 있는 원시림 목재들을 지나갔다. 그 뒤로는 독특하면서도 느리게 움직이는 생태계를 파괴한 개별 지역이 넓게 펼쳐져 있었다. 세바스티안은 그중 압권은 이 목재에 환경 및 사회 친화적 산림 경영을 인증하는 FSC* 인증 마크가 찍혀 있는 것이라고 말했다.

나도 베르스호펜Wershofen 산림 경영 담당자로 있을 때 이 마크를

* Forest Stewardship Council, 국제산림관리협의회.

사용했다. 지난 수십 년간 현장 사정을 관찰해온 사람으로서(아이펠 국립공원에도 벌목 목재에 대해 FSC 인증 제도를 실시했다) 인증 마크 제도가 합리적인지 더는 확신이 서지 않는다. 원시림 벌목재보다 최악인 것이 있을까? 이런 인증 제도가 계속 존재한다면 벌목을 막는 것이 불가능하다. 또한 공개적으로 경고했음에도 인증 제도가 유지되어야 한다면 대안이 필요하다. FSC 인증 마크보다 한 단계 아래인 PEFC* 인증 마크라는 것이 있다. 비정부 조직을 통한 외부 통제가 전혀 이뤄지지 않는 상품만 있다면 목재 시장에는 아무것도 남아 있지 않을 것이다.

우리는 복잡한 감정으로 돌아왔다. 간이매점에서 저녁식사를 하면서 스웨덴 야생 환경 어느 곳에서도 할 수 없는 긍정적인 대화가 이어졌다. 전 세계 곳곳에 세바스티안과 같은 운동가들이 있다. 그들이 1년에 한 번씩 만나 의견을 교류하면 좋지 않을까? 일정도 목적도 없이 자신만 홀로 고독한 싸움을 하고 있지 않다는 사실을 안다면 좋지 않을까? 그날 밤 우리는 이런 모임을 갖기로 약속했다. 벌써부터 나는 고독한 늑대의 울음소리가 기대된다!

* Programme for the Endorsement of Forest Certification Scheme, 산림 인증승인 프로그램.

28

인공조림을 원시림으로 되돌리는 방법

올드 티코처럼 나이 많은 나무는 나무의 중요한 측면을 설명하기에 적합하다. 미세하게 균형 잡힌 생태계가 온전히 성장하려면 무한한 시간이 필요하다. 나무 한 그루가 그렇게 오래 살 수 있다면 원시림은 어떤 모습일까? 원시림이라는 명칭을 얻으려면 나무 군집의 나이는 어느 정도 되어야 할까?

우리는 더 많은 인공조림 지대를 원시림으로 복구해야 하기 때문에 이것은 중요한 질문이다. 인공조림은 종의 다양성 · 기후 영향 · 회복 가능성을 제공할 수 없다. 게다가 이것은 지난 수십 년간 숲에 행해온 과도한 개입 행위를 바로잡고 싶은 우리의 책임감이 걸린 문제이기도 하다. 행동을 개시하기 전에 먼저 우리가 알아야 할 것이 있다. 진짜 원시림은 어떤 모습일까?

나는 이런 것들을 알고 싶었고 내 책을 통해 그런 기회도 생겼다. 솔직히 개인적인 호기심 때문에 원시림에 관심을 갖게 된 것은 아니다. 독자 여러분의 지대한 관심만으로 내 책 《나무수업》과 후속작들이 세계적인 베스트셀러가 된 것과도 관련이 있다.

캐나다에서도 마찬가지였다. 나는 캐나다에서 이메일로 지원 요청을 받았다. 퀴아카Kwiakah 부족의 행정관 프랑크 뵐커Frank Voelker가 보내온 것이다. 현재 구성원 수가 20명도 안 되는 퀴아카 원주민 부족은 목재 기업의 횡포에 대항하기 쉽지 않은 상황이다.

이 비극적 사태가 발생하게 된 원인은 밴쿠버섬 북부의 그레이트 베어 레인포레스트Great Bear Rainforest 보호를 위한 환경운동이 대성공을 거둔 것과 직접적인 관련이 있다. 그레이트 베어 레인포레스트는 세계에서 가장 크고 훼손되지 않은 냉대 우림 지대다. 그런데 목재 산업으로 이 숲이 사라지고 있었다. 원주민과 환경 단체는 20년 동안 이 지대 나무뿐만 아니라 동물을 위해 싸워왔다. 특히 그리즐리곰은 거실 벽에 곰의 가죽과 두개골을 자랑삼아 걸어놓으려는 트로피 헌팅 관광객들이 즐기는 사냥 목표였다. 그러자 레인코스트Raincoast 재단은 사냥 허가권을 전부 사들였고 상황은 더욱 악화되었다. 그리즐리곰은 일부 우림 지대에서만 사냥꾼들이 겨누는 총의 위협에서 벗어날 수 있었다.

2017년 이후 브리티시콜롬비아주 전역의 그리즐리곰 트로피 헌

팅이 전면 금지되었다. 1년 전 이미 그레이트 베어 레인포레스트의 85퍼센트가 영구적으로 확보되었다. 이 조치 후 3만 제곱킬로미터 이상의 면적이 그 상태로 남겨졌다. 심지어 제방과 댐을 이용한 수력발전 전력 공급도 중단되었다. 당시 나는 좋은 소식이라며 기뻐했다. 그런데 퀴아카 원주민의 이메일을 받은 후 심란해졌다. 임업 및 목재 업계에서 대안을 찾았고 남아 있는 남부 지역에서 벌목을 늘리기 시작했다는 것이다.

사실 이런 일이 처음 발생한 것은 아니다. 이들은 새로운 자연보호구역 지정으로 인한 손실에 대해 정부로부터 보상금을 약속받았다. 추가적으로 대량 벌목이 진행된 숲 지대 가운데 하나가 필립스 암Phillips Arm이다. 약 500제곱킬로미터 규모의 필립스 암은 퀴아카 부족이 오랫동안 정착해온 지역이다. 이 지역의 원래 주인들은 아직도 자신들의 권리를 찾기 위해 싸우고 있다. 원주민들은 산림 경영을 위한 숲 이용을 금지하는 것이 아니라, 숲을 아껴가며 다루길 원했다. 퀴아카 부족도 그리즐리곰을 이용한다. 그것도 살아 있는 상태로 말이다. 그리즐리곰은 소프트 관광*의 구성 요소 중 하나이기 때문이다.

벌목된 숲에서는 빗물이 세차게 흐르기 때문에 다른 하천으로 흙까지 쓸려 내려간다. 흙투성이가 된 하천에서는 연어가 살 수

* soft tourism, 특정 지역에 적은 영향을 미치는 관광의 형태. 대량 관광과 반대되는 개념으로 지역 사회에 긍정적인 이익을 가져오는 작은 규모의 관광 발전과 연관된 개념이다.

없고, 하천 생태계가 황폐해진다. 그리즐리곰은 겨울잠을 자는 동안 필요한 지방을 미리 비축해두어야 한다. 지방층을 만들어놓으려면 지방 성분이 많은 연어를 가을에 미리 먹어두어야 하는데 연어가 없는 것이다. 결국 그리즐리곰 개체수도 감소하고 관광객들은 볼거리를 놓치게 된다. 그뿐만이 아니다. 곤충부터 작은 포유동물 그리고 흰꼬리수리에 이르기까지 전체 먹이사슬이 붕괴된다. 그런데 퀴아카 부족 당국을 비롯해 온 부족민에게 관광 수입은 중요하다.

그래서 프랑크는 내가 직접 부족을 방문해 해결책을 찾을 수 있도록 도와달라고 제안했다. 우리는 현장에서 원시림 · 간벌림 · 개벌림 등 다양한 유형의 숲을 살펴볼 계획이었다. 어떻게 하면 앞으로 사람들이 자연과 더 가까이에서 일하고, 특히 우리가 브리티시콜롬비아의 산림 정책에 영향을 끼칠 수 있는지가 문제였다. 나는 10월이 좋겠다고 말했고 진짜 원시림을 본다는 기대감에 한껏 들떠 있었다.

프랑크는 내가 도착한 날 저녁, 현재 부족들이 거주하는 장소인 캠벨리버Campbell River에서 환영의 밤을 비롯해 모든 일정과 행사를 준비했다. 다음 날 아침 6시 50분에 프랑크는 선착장까지 우리를 데려다주었다. 선장이 알루미늄 보트 안에서 우리를 자연보호구역으로 데려가기 위해 대기하고 있었다. 알고 보니 보트 안에 있던 승무원은 저널리스트 2명, 산림감독관 3명, 부족장으로 구성된 여행 가이드였다. 부족장인 스티븐은 레인 재킷에 털모자를 쓰고 있었다. 그는 내가 전에 책에서 읽었던 아메리칸 인디언 추장 비네토우*와는 이미지가 전혀 다른 인물이었다. 게다가 그는 다소 소심해 보였다. 이런 이미지는 호감 가는 성격과 의미심장한 유머 덕분에 금세 지워졌다.

보트 여행은 상당히 험난했다. 비가 왔고, 차가운 바람이 세찬 물결을 일으켜 심장이 벌렁벌렁했다. '북부 우림 지대에 오신 것을 환영한다!'는 듯 선실 유리창 안팎에 물이 들이쳐서 스치는 풍경은 온통 회색이었다. 내 고향 아이펠의 1년 강수량이 1제곱미터당 800리터인 데 반해, 이곳은 4천 리터였다!

75분간의 뱃길 여행이 끝나고 만으로 접어들자 작은 선착장에서 숙소 소노라 리조트가 보였다. 리조트는 산비탈에 찰싹 기대어 있었고 주로 나무로 지어졌다. 발판에 발을 디디는 순간 뭔가 기대가 되었다. 리셉션에서 직원 두 명이 먼저 우리의 트렁크를 받은 다음 체크인으로 넘어갔다. 우리는 손님이었기 때문에 음료를 마시면서 지배인을 기다렸다. 지배인은 우리를 위해 하수 처리 시설을 포함하여 리조트 시설을 안내해주었다. 그리고 우리는

* Winnetou, 독일의 소설가 카를 마이Karl Friedrich May의 소설에서 주인공으로 나오는 인디언 추장.

다시 보트에 올랐다. 우리는 퀴아카 부족 정착촌을 가보고 싶었는데, 이곳은 본섬에서 약 20킬로미터나 떨어진 곳이었다.

우리가 필립스 암에 도착했을 때 햇살이 아름답게 쏟아졌다. 그리고 이틀 동안 비구름 한 점 없이 아주 맑은 날씨가 계속되었다. 하지만 그림 같은 풍경은 아니었다. 산 주변 곳곳에 목재 산업으로 인한 상처의 흔적이 남아 있었다. 임도*가 산비탈 아래 지그재그로 굽이치고 있었다. 강가에만 오래된 나무들이 드문드문 있을 뿐이었다.

이것은 내가 이미 유럽에서 접해본 광경이었다. 숲은 구획으로 나뉘어 관리되고 있기 때문에 이런 모자이크는 멀리에서도 잘 구분된다. (구글이 제공하는 위성사진 서비스) 구글어스Google Earth나 유사 프로그램으로 한번 찾아보기를 바란다. 나는 캐나다의 목재 업계에서 수십 년 전부터 무분별하게 벌목이 이루어져왔다는 사실을 알고 있었다. 그럼에도 필립스 암과 같은 오지에서는 원시 자연이 보존되어 있는 곳을 발견할 수 있길 바랐다. 부족장 문문틀레Munmuntle(스티븐의 인디언식 이름)도 이런 희망을 품고 있었다. 그는 자신의 조상이 살았던 그 땅에 대한 짧은 소개와 함께 환영 인사를 했다. 놀랍게도 프랑크도 아직 이런 체험을 해본 적이 없다고 했다. 문문틀레는 우리가 살펴보고 싶던 원시림들에 대해서도

* 林道, 벌목한 통나무의 운반 · 산림의 생산 관리를 목적으로 건설한 도로.

언급했다. 미리 고백하자면, 안타깝게도 우리는 그곳에 머물렀던 이틀 동안 원시림을 하나도 찾지 못했다! 최대 50미터 폭의 긴 통행 불가 경계선 안에 훼손되지 않은 상태의 오래된 나무들이 몇 그루 있을 뿐이었다.

산림 기업 대표 탄야Tanja와 도미니코Domenico가 용기를 내어 숲 토론회에 참석했다. 이들은 캐나다 서부 해안의 상황에 대해 다음과 같이 설명했다. 땅의 대부분을 소유하고 있는 국가가 수입을 올리기 위해 벌목권을 판매하며, 벌목권 판매는 대개 경매를 통해 판매된다. 제곱킬로미터 단위로(1만 제곱킬로미터 이상인 경우도 흔하다) 수백 개의 지정 구역에 대해서 이 허가권이 이뤄진다. 그리고 허가권을 사들인 기업은 5년 내에 일정량을 벌목해야 한다. 해야 한다고? 그렇다. 그러니까 당국에서 벌목 후 수수료를 챙기는 것이다. 목재 1세제곱미터당 소위 '벌목권 수수료stumpage fee'가 부과되는데, 그 금액은 목재 품질과 시장 상황을 고려해 13유로에서 35유로 사이로 책정된다고 한다. 벌목권을 사들인 벌목업체에서 적게 벌목하거나 아예 벌목하지 않을 경우 벌목권이 취소된다고 한다.

거창한 홍보 활동 없이 환경과 숲에 유익한 사업인 것처럼 포장하는 이 시스템이야말로 최악이 아닌가! 캐나다 서부 해안에서는 이런 일이 벌어지고 있다. 이것이 바로 80년에 한 번씩 숲 지대를 정비하고 이후에는 완전히 내버려두는 '소프트 산림 경영' 아닌가? 물론 이것은 그리즐리곰과 같은 예민한 동물을 덜 괴롭히는 방법이다. 게다가 트로피 헌팅 지역이 해안에서 최대한 조금 보이도록 하는 외관 규정에 의해 벌목이 시행되고 있다. 여러분이 짐작하고 있다시피 관광객 때문이다. 관광객들을 위해 브리티시콜롬비아의 목가적 풍경을 남겨야 한다는 것이다. 내가 보기에 이 계획은 성공할 수 없다.

프랑크, 문문틀레 부족장과 함께 우리가 배를 타고 바다를 가로질러 부족 정착촌으로 가던 길이었다. 곳곳에서 어린 숲들과 벌목한 지 얼마 되지 않은 흔적인 갈색 점들이 끝없이 나타났다. 해안가를 따라 오래된 나무가 길게 줄지어 서 있었다. 이곳에서는 산비탈 환경이 파괴된 흔적을 감추지 않았다. 그나마 해안가 바위에서 햇빛을 받으며 꾸벅꾸벅 졸고 있는 물개만 피해를 적게 입었다.

나중에, 우리가 걸어 다니며 둘러본 숲에서 나는 산림감독관인 탄야와 도미니코에게 숲을 보호하면서 간벌하는 것이 낫지 않겠느냐고 물었다. 물론 두 사람은 보호하면서 관리하는 편이 더 낫다고 답했다. 나는 그러기 위해서는 숲이 더 자주 방해받지 않겠느냐는 말도 덧붙였다. 동일한 양의 목재를 얻으려면 10배나 더 넓은 면적의 땅을 관리해야 하기 때문이다. 간벌할 경우 나무줄기의 최대 10퍼센트만 베어낼 수 있다. 또한 지속적으로 도로망이 관리되고 확충되는 것이 중요하다. 즉 나처럼 말馬을 이용해 숲을 경영하려는 사람은 이 길을 선택할 수밖에 없다는 이야기였다.

이 주장은 틀렸다. 독일에는 숲 1제곱킬로미터당 13킬로미터의 임도가 설치되어 있는데, 이러한 임도가 생태계를 완전히 망가뜨리고 있다. 특히 빛에 민감한 딱정벌레는 벌목하여 만든 인공 도로에서는 교미를 하지 않는다. 이들에게 이런 숲길은 너무 밝기 때문이다. 게다가 공급로의 흙은 압축되어 있기 때문에 지하수의 흐름이 끊긴다. 그래서 비탈길 위쪽으로는 물이 고이고 비탈길 아래쪽으로는 건조 지대가 형성된다. 이런 길이 많지 않은 독일에는 문제될 일이 없지 않은가? 아니다. 당연히 문제가 있다.

나는 간벌로 인한 잦은 장애에 대해서는 어느 정도 허용해야 한다고 생각한다. 예를 들어 군사훈련 장소에 사는 동물들은 이런 환경 변화에 자연스럽게 적응했다. 장갑차 발포 훈련을 하는 동안 야생동물들의 적응 현상이 관찰되었다. 사슴과 노루는 사수가 자신의 목숨을 위협하지 않는다는 것을 알고 있었다. 야생동물들은 맹수로 인식될 때만 인간을 방해자로 여긴다. 이런 인상적인 장면은 실제로 아프리카나 북아메리카 국립공원에서 관찰되었다. 이곳에서 물소들은 불과 몇 미터밖에 떨어지지 않은 거리의 관광객들에게 다가왔다. 관광객을 자신을 해치지 않는 스텝 지대 거주민이라 여겼기 때문이다. 이것을 브리티시콜롬비아에 적용할 수 있다. 사냥이 금지되면 야생 환경에서 일하는 노동자들이 나타나도 야생동물들이 스트레스 받지 않는 환경을 조성할 수 있다. 이것은 야생 체험 관광 구역에서는 당연한 현상이다.

퀴아카 부족에게는 두 가지 대안이 있다. 국가와 산림 기업이 합의 하에 소프트 산림 경영을 시도하거나, 양측이 벌목권 획득을 위해 법정 싸움을 하는 것이다. 후자의 경우, 수백만 달러의 비용이 드는 일로 퀴아카 부족에게는 이런 큰돈이 없다. 현재로서는 첫 번째 대안밖에 없는 셈이다.

미래를 위해 풀어야 할 숙제는 다음과 같다. 우리는 어떻게 이런 숲들에 보호 목적의 간벌 시스템을 적용하고, 어떤 산림 경영도 하지 않은 채 대규모 보호구역을 충분히 확보할 수 있을까? 답은 간단하다. 지금까지 이 구역은 캐나다 연안 지역에 살고 있는 부족들, 퍼스트 네이션*의 소유다. 이들은 새로운 정착민들과는 전혀 다른 관점으로 숲을 이해한다. 이들은 집을 짓는 데 나무를 사용했다. 나무 한 그루를 벌목하지 않고, 나무를 죽이지 않기 위해 나무줄기의 일부만 떼어내 널빤지를 만들어 이용했다. 나무의 넓은 면적이 상처를 입기 때문에 이 방법도 야만적이기는 마찬가지다. 어쨌든 나무는 죽지 않고 살아 있고, 나무 내부 구조 중 가장 예민한 부분이 거의 손상되지 않은 상태로 있다.

* First Nations, 북극 지역 아래에 사는 캐나다 원주민들을 일컬음.

이런 방법이 해안 숲의 붉은 삼나무의 수명에 얼마나 적은 영향을 미치는지는 지금까지 나무들이 살아 있는 것을 보면 알 수 있다. 그사이 이 나무들은 문화유산으로 지정되어 보호받고 있다.

특히 삼나무는 목재 업계에서 인기가 많아 거대한 나무줄기를 찾기 어렵다. 나무줄기는 경사면에서도 벌목되고 벌목된 나무는 도로가 부족해 헬리콥터를 이용해 만으로 이동된다(그다음에는 뗏목으로 이동된다). 대부분의 인디언도 배를 만들 수 있을 정도로 굵은 나무가 없기 때문에 전통적인 통나무배 제작 방식을 중단할 수밖에 없다.

퍼스트 네이션의 관점에서 숲 관리는 우리가 유럽의 인공조림을 통해 보았듯이 숲의 이미지를 만드는 것이다. 인공조림에서는 원시림에 가까운 숲으로 관리되고, 고유 수종도 보존된다. 이때 각 표본의 나이는 아주 많아야 한다. 충분히 자란 굵은 나무줄기만 벌목된다면, 마구잡이로 나무를 베지 않으니 숲은 훼손되지 않은 상태로 있을 것이다. 벌목하지 않고 보호구역을 지정하는 데 성공한다면 필립스 암의 숲은 다시 옛날로 돌아갈 수 있다.

독일에서도 뤼베크 도시 숲을 원래의 상태로 되돌려놓기 위해 비슷한 방식이 적용되고 있다. 하지만 이 계획이 성공하려면 시간이 필요하다. 인간에 의해 망가지고 파괴된 숲을 회복시키기까지 수백 년은 더 걸린다.

어느 정도 오래된 숲을 원시림이라고 말할 수 있을까? 올드 티코 주변에서 매우 더딘 속도로 자라는 지의류를 생각해보자. 이 식물은 나무가 죽고 수백 년 후에야 나타나기 시작한다. 이렇게 더디게 성장하는 생물이 얼마나 더 있을까? 그리고 현재 수준의 지식으로 시간적 범위를 정할 수 있을까?

나는 그럴 수 있고 또한 매우 실용적이라고 생각한다. 인간의 개입 없이 최소한 한 세대의 나무가 먼저 노지에서 자라야 한다. 수종에 따라 다르겠지만 대략 500년으로 잡을 수 있다. 너무 길어 보이는가? 1세대는 인공조림과 벌목의 시대, 즉 완전히 비자연적인 조건에서 성장한 것이다. 앞에서 설명한 더딘 성장은 2세대 나무에서 시작된다. 어미나무의 보호를 받으며 절반은 어둠인 상태에서 성장하는 것이다. 완벽한 원시림으로의 이행 과정, 원시의 다양성은 이 시기부터 기대할 수 있다.

퀴아카의 숲에는 한때 외관적 측면만을 위해 숲을 수정한 흔적이 남아 있다. 보트를 타고 돌아오는 길에 산림감독관 중 한 명이 반대편 산비탈을 가리키며 말했다. "벌목 흔적의 15퍼센트만 볼 수 있습니다." 그는 남은 부분이 앞에 있는 언덕 뒤편으로 가도록 매우 세련되게 설계했다며 자랑스럽게 말했다. 관광객을 위해 남겨놓은 것은 원조를 가장한 녹색 무대 장치가 아니고 무엇이겠는가.

독일로 돌아와 메일함을 열어보니 프랑크로부터 이메일 한 통이 와 있었다. 그는 내가 부족을 방문하여 미래를 위한 희망을 심어주었다며 감사의 말을 전했다. 하지만 안 좋은 소식도 있었다. 우리와의 만남에 참여했던 팀버웨스트TimberWest 대표가 인디언들에게 숲의 일부 지역에 헬리콥터로 비료 주는 것을 시범 사업으로 진행할 예정이라고 통보해왔다고 한다. 프랑크는 모욕을 당한 기분이었을 것이다. 며칠 전 숲에 있을 때 이 회사 대표가 이 문제를 언급하지 않았기 때문이다.

비료 주기는 전혀 해가 되지 않는 듯 보인다. 우리도 밭이나 장미 화단에 비료를 주니 말이다. 경작지에는 비료에 관한 규정이 있고 또 비료가 필요하기도 하다. 반면 숲에 비료를 주는 것은 재앙이나 다름없다. 나무는 빨리 자라길 원하지 않는다. 부모의 보호 아래 수백 년 유년기를 즐겨야 오래도록 잘 자랄 수 있다. 목재 기업의 벌목지에는 독일가문비 · 전나무 · 삼나무가 강렬한 햇빛을 받으며 잘 자란다. 비료를 주어 지나치게 성장을 자극한다면 이 나무는 대량으로 사육되는 돼지나 다름없다. 생존 능력은 없고 빨리 키워 도축할 목적의 돼지 말이다.

이 경우 남은 생태계는 더 심각하게 훼손된다. 원래 영양분이 적은 지역은 산성이 강한 토양으로 변하고, 전문화된 생명 공동체는 비처럼 쏟아지는 비료로 파괴된다. 브리티시콜롬비아는 북부 지역의 우림을 나무 경작지로 전락시키고 있는 셈이다.

퀴아카 부족 방문이 한 번의 경험으로 끝나지 않고, 오랫동안 이 부족을 지원하기 위한 시작이길 바란다. 나는 이번 여행만큼 인간과 자연을 이어주는 띠가 강하게 묶여 있다고 느껴본 적이 없다. 원시림을 보호하기 위해 이들을 기꺼이 돕고 싶다.

29

폴란드 비아워비에자숲이 전하는 이야기

지난 수십 년간 폴란드 정부는 전 세계의 주목을 받았다. 특별 자연 구역인 비아워비에자 원시림에 행한 조치 때문이었다. 이 숲을 두고 전 세계에서 열띤 논쟁이 벌어졌고, 이 논의는 전 세계 다른 숲에도 선례가 되고 있다. 폴란드와 벨라루스의 경계 지역에 있는 비아워비에자숲은 기후가 매우 거친 지역이다. 특히 너도밤나무에게 가혹한 기후다. 너도밤나무는 한때 중부 유럽 원시림을 대표하는 수종이었다. 반면 비아워비에자숲의 겨울은 매우 춥고 길기 때문에 너도밤나무는 볼 수 없다. 대신 이곳은 참나무 · 피나무 · 서어나무 · 단풍나무 · 독일가문비가 주를 이룬다.

폴란드 정부, 좀 더 정확하게 말해 집권 여당인 법과 정의당PIS

은 비아워비에자숲의 자연보호를 위한 규제가 지나치다며 국립 공원 주변의 대규모 벌목 사업을 승인했다. 격렬하게 반대 시위를 벌이는 측에서는 많은 산림감독관이 오래전부터 주장해온 논리를 끌어들였다. 나무좀이 숲을 좀먹을 것이고 인간은 나무좀에 습격당한 나무들을 제거하면서 재앙에 맞서 싸워야 할 것이라고 말이다. 이 주장이 완전히 터무니없는 것은 아니다. 실제로 밀리미터 크기의 나무좀과 곤충인 가문비나무좀 '무적함대'가 대규모로 숲을 공격한 일이 있었다. 이 일로 독일가문비의 수피는 물론이고 많은 나무가 죽임을 당했다.

가문비나무좀과 유충은 수피 아랫부분에 대칭을 이루는 통로를 판다. 가문비나무좀*이라는 이름도 이런 이유로 붙여졌다. 가문비나무좀은 가문비나무를, 더 정확하게 말해 수피와 목질부 사이의 성장층을 좋아한다. 이 부분은 수액이 많고 영양분이 풍부해서 인간이 섭취하기에도 좋다. 문제는 건강한 독일가문비만 자신을 공격하는 세력이 나타나면 이들이 파놓은 구멍에 나뭇진을 분비해 방어할 수 있다는 것이다. 하지만 기후변화로 여름이 더 건조하고 더워진 탓에 나무는 약해지면서 스트레스 물질을 분비하고 있다. 이 향을 맡은 나무좀들이 약한 나무를 공격하면 결국 나무는 죽는다. 이후 다음 나무가 공격을 받는다. 나무좀은 종종 건

* 독일어로 가문비나무좀을 'Buchdrucker'라고 하는데 인쇄공, 식자공이라는 뜻도 있다.

강한 나무도 서슴지 않고 공격한다. 이제 나무는 나무좀의 공격에 방어할 힘을 잃고 포기해버린다. 나무좀이 거대한 독일가문비 단일림을 파괴할 수 있을 정도의 위력을 갖게 된 것이다. 반면 나무좀 아래에는 병원균들이 번식하고 있는데, 이 병원균들이 나무좀들에게 퍼져 결국 나무좀도 죽는다.

그래서 유럽 최후의 원시림이라는 비아워비에자숲에 벌목을 허용했을까? 아니면 비아워비에자숲이 많은 산림감독관이 주장하듯 원시림이 아니었을까? 이것은 숲 보호주의자들도 고민할 수밖에 없는 어려운 문제다. 일단 사실부터 짚고 넘어가도록 하자. 폴란드 쪽 비아워비에자숲의 좁은 영역, 약 100만 제곱킬로미터에 해당하는 구역은 1932년 국립공원으로 지정되었다. 더 넓은 영역인 벨라루스 쪽의 비아워비에자숲은 1천 제곱킬로미터가 넘으며, 이곳 역시 1991년 국립공원으로 지정되어 보호받고 있다. 양측의 숲이 유네스코 세계자연문화유산으로 지정되어, 현재 오스트레일리아의 그레이트 배리어 리프Great Barrier Reef나 미국의 옐로스톤국립공원만큼 독보적인 천혜의 자연 유산으로 보호받고 있다. 이곳에는 오래된 나무들 외에도 멸종 직전의 유럽들소를 포함하여 2만 종 이상의 생물이 서식한다.

이 책에서는 폴란드 쪽의 자연 유산만 살펴보도록 하겠다. 이 지역은 국립공원 경계를 임의로 구분해놓은 덕분에 원시림이 넓게 펼쳐져 있다. 총 600제곱킬로미터가 넘는 넓은 면적에 희귀종 생물들이 서식하고 있는 이 국립공원은 세심한 개입만을 허용하는 유럽연합 지정 특별 보호구역인 '나투라 2000Natura 2000' 지위를 획득할 만큼 소중한 지역이다. 이러한 관료주의적 개념에는 유럽에 마지막 남아 있는, 아직 절반은 훼손되지 않은 생태계를 보존하려는 의도가 숨겨져 있다.

미국처럼 규모가 큰 국립공원과 똑같은 수준의 자연보호 조치를 취할 수 없다는 건 잘 안다. 이러한 보호구역에는 어느 정도 사용을 허용하는 타협적인 태도가 필요하다. 적어도 숲이 큰 고통을 받지 않는 한 말이다.

폴란드가 바로 이런 상황에 처해 있다. 하지만 나무좀은 핑계이고 다른 의도가 감춰져 있을 수 있다. 하나는 책임자들이 자연에 많은 나무를 남겨두지 않겠다는 것, 즉 벌목을 허용하겠다는 것이다. 다른 하나는 자연보호를 위해 강화된 유럽연합의 규제를 무시하겠다는 것이다. 얀 시슈코Jan Szyszko 전 환경부 장관은 2016년 벌목 허용량을 3배로 늘리고, 산림업계에 2023년까지 20만 세제곱미터 보호구역의 나무를 사용해도 된다고 허용했다.

전 세계적으로 격렬한 시위가 일어났지만 결국 중장비가 투입되어 매일 수백 그루의 나무가 벌목되기 시작했다. 모든 노력이 '숲 살리기'에 집중되었고, 벌목은 남은 숲을 위협하는 나무좀을 제거하기 위한 유일한 방안으로 제시되었다.

물론 비아워비에자숲에 아무 개입을 하지 않고 자연에 맡기자는 주장에도 여러 가지 타당한 이유가 있다. 이 숲의 독일가문비는 인공 재배된 것이 아니다. 원래 숲에 다양한 수종의 나무들이 있었다. 가문비나무가 나무좀으로 죽으면 일부러 개벌지를 만들지 않아도 나무들이 서 있는 자리에 여유가 생긴다. 즉 이렇게 나무를 자연의 힘에 자유롭게 맡기는 것이 자연을 보호하는 것이라는 관점이다. 인간의 관점에서는 바람직하지 않을 수 있겠지만, 나무의 입장에서는 겪어야 할 과정이기도 하다. 이런 일이 없었다면 이미 수백만 년 전 자연의 발전이 정체되었을 것이다.

이런 관점에 의하면 숲을 살린다는 명목으로 행해진 대대적 벌목은, 보호구역으로 관리되고 있는 숲의 많은 면적이 파괴될 것을 우려하여 미리 조치를 취한 것뿐이다. 당연히 현지 환경주의 활동가들은 현장에서 도움을 요청하며 부르짖고 있다!

학자인 표트르와 환경주의자인 아담이 바르샤바 공항에서 나를 픽업한 뒤, 우리는 몇 시간 동안 버스를 타고 폴란드-벨라루스 국경 방향으로 갔다. 차는 울퉁불퉁 거친 도로를 거의 날아가듯 질주했다. 이 차로 목적지에 도착할 수 있을지 걱정스러웠지만, 표트르, 아담과 함께 흥미로운 대화를 나누느라 그런 걱정 따위는 모두 잊어버렸다. 저녁 늦게 우리는 비아워비에자숲에 도착했다. 우리 일정은 나무가 아니라 먼저 시위 캠프를 둘러보는 것이었다.

내 생각과 달리, 화려한 깃발도 천막도 없었다. 커다랗고 오래된 주택 안에서 숲 보호주의자들이 진을 치고 있었다. 몇 년을 버텨야 한다면, 천막보다 집을 베이스캠프로 삼는 편이 나을 것이다. 우리는 환대를 받았고 나무로 된 대형 식탁에 둘러앉았다. 주어진 임무에 착수하기 전 먼저 커피와 케이크를 먹으며 잠시 휴식 시간을 가졌다. 물론 우리는 가만히 앉아 있지 않고, 시위단과 문제점 및 성공 사례에 대한 이야기를 나누었다.

지역 방송국 카메라 팀도 그 자리에 있었다. 방송국 측에서는 너무 시위자 편에 서지 말라고 나한테 미리 경고를 주었다. 보호구역 주변에 거주하고 있는 사람들에 대해서도 마찬가지였다. 이들은 캐나다의 산림감독관들처럼 숲과 목재 제품으로 먹고사는 이들이었다.

우리는 호텔 베이무트카에 이틀 동안 머물렀다. 아득한 분위기의 목조주택인 이 호텔은 비아워비에자 국립공원과 별로 멀지 않은 곳에 위치했다. 호텔 주인은 이 시위를 지지한다고 했다. 이틀째 되던 날 밤 이곳에 학자 · 환경보호주의자 · 국립공원 친구들이 모인 가운데 콘퍼런스가 열린 것도 당연한 일이었다.

솔직히 고백하건대, 콘퍼런스 중에 내 눈이 계속 감겼다. 콘퍼런스가 지루했기 때문은 아니다. 그날 우리는 야생 들소를 보러

가려고 새벽 3시 반에 일어났다. 비아워비에자숲에 왔다면 이런 인상적인 동물을 한 번쯤 봐줘야 한다! 동틀 무렵이 야생 들소를 관찰하기 가장 좋은 시간이라 우리는 꼭두새벽부터 일어났다.

표트르와 아담과 나는 잠에 취한 채 호텔 앞에 서서 순찰 대원을 기다리고 있었다. 낡은 스코다를 타고 있던 순찰 대원이 차에서 내렸다. 완벽하게 군복으로 무장한 그는 짧게 인사를 하고 다시 차에 올라탔다. 우리는 그를 놓치지 않기 위해 서둘렀다. 그리고 작은 정착촌 경계 지역에 차를 세웠다. 이미 동이 트고 있었고 주변 풍경은 안개로 자욱했다. 풀이 이슬에 흠뻑 젖어 있어서 신발과 양말까지 젖어버렸다. 우리는 순찰 대원을 따라 살금살금 초지로 접근했다. "여기입니다." 그는 짙게 깔린 안개를 가리켰다. 처음에 우리 눈에 아무것도 보이지 않았지만, 차츰 육중한 세 개의 몸체가 드러났다. 유럽들소였다!

우리는 흥분되어 순찰 대원이 세워둔 망원경으로 유럽들소를 교대로 관찰했다. 안개 속 세 개의 그림자에서는 뿔이 잘 구별되었다. 유럽들소들은 다른 방향으로 몸을 돌리더니 안개 속으로 다시 사라졌다. "한 마리도 못 보는 경우도 많습니다." 경관은 짧게 말 한 마디를 내뱉으며 우리는 정말 운이 좋은 것이라고 했다. 유럽들소들이 무엇을 먹느냐는 내 질문에 그는 주로 풀을 먹는다고 답했다. 주변에 사는 농부들은 이 지역에 유럽들소를 잘 관리하도록 목초지 보호 지원금을 받는다고 한다. 유럽들소는 칼로리가 풍부하도록 비료를 넣어 재배한 새로운 품종의 풀보다 옛날 품종의 풀을 더 좋아한다. 이때 우리는 풀에 대한 이야기를 잠시 나눴다. 물론 유럽들소도 숲에 사는 야생동물이다! 이곳에서도 독일처럼 자연경관이 조각조각 나뉘었을 때 발생하는 문제가 똑같이 나타나고 있었다.

원래 독일은 풀이 많은 자연 환경이었다. 범람원, 즉 강변의 목초지가 그런 예다. 기후변화가 일어나기 전에도 눈이 녹으면서 생긴 유빙으로 나무가 훼손되는 현상이 자주 관찰되었다. 이 프로세스로 인해 나무가 없고 풀이 많은 목초지가 형성되었다. 지금도 고산 지대의 수목한계선과 늪지 가장자리에는 거대 초식동물들을 위한 목초지가 있다. 그런데 우리는 이런 지역을 양보하지 않고, 유럽들소와 같은 동물을 숲 보호구역으로 몰아넣었다. 물론 이런 곳에서 동물이 생존할 수 없다. 그 결과 사람들은 동물을 먹이기 위해 풀 농사를 지었고, 겨울에는 심지어 건초도 재배하였다. 모두가 만족했다. 야생 들소는 살아남았지만 원래 야생에서의 삶은 더는 불가능해졌다.

우리가 작은 여행 그룹과 함께 체험한 것은 대형 사파리 공원을 구경한 수준밖에 안 된다. 이런 상황을 바꾸려면 훨씬 더 넓은 영역을 보호구역으로 지정해야 한다. 물론 폴란드 정부는 당장이라도 벌목을 할 태세다. 숲에서 나무를 벌목하면 유럽들소뿐만 아니라 스라소니, 늑대와 같은 동물도 고통받는다. 우리는 그 흔적을 여러 차례 보아왔다.

아침에 사파리를 다녀온 후 우리는 다시 시위자들의 베이스캠프로 돌아와 그곳 숲길을 산책했다. 우리는 500년 된 참나무를 지나쳤다. 모기떼가 우리 주변에서 알짱대며 윙윙거렸다. 숲을 가로질러 몇 미터 더 걸어가니 차가 지나간 흔적이 나타났다. 일부는 거의 1미터 깊이였다. 이 흔적을 지나자 숲으로 통하는 길이 나왔는데, 갓 생긴 큰 나무 그루터기로 가로막혀 있었다. 얼마 전 이곳에서 큰 장비로 나무줄기를 실어 나른 듯했다. 보호구역의 숲에서 말이다. 곳곳에 벌목 작업의 흔적이 남아 숲은 휑했다. 토양은 푸른 싹들로 뒤덮여 있었다. 토양에 비정상적으로 햇빛이 많이 비쳤기 때문이다. 우리는 언론과 내 SNS에 올릴 사진을 찍었다.

다음 숲길에서 우리는 죽은 나무를 깨끗하게 쌓아 폐기물로 처리해놓은 것을 목격했다. 숲 보호주의자들은 나이테를 보고 각 표본의 수령을 계산했고 나무줄기로 눈을 돌렸다. 그리고 이곳에서 불법으로 나이가 아주 많은 나무들이 벌목되어 판매된다는 것을 기록으로 남겼다. 우리는 숲 보호를 촉구하는 배너 앞에서 사진을 찍고 다시 비아워비에자로 돌아왔다.

내가 이 여행을 통해 내린 결론은 다음과 같다. 비아워비에자숲은 아주 오래되었고 보호할 가치가 있지만, 넓은 면적 전체가 진짜 원시림은 아니다. 수십 년 전 재조림을 한 흔적이 있었다. 나이가 많은 떡갈나무와 다른 활엽수가 자라는 구역의 대부분이 100년 넘게 사용되지 않았다고 할지도 아직 400년의 시간이 더 흘러야 한다. 그래야 앞에서 설명한 정의에 맞는 조작되지 않은 자연이 재탄생할 수 있다. 어떤 것도 자연을 보호하려는 욕구를 막을 수 없다. 수십 년 동안 숲은 산림 경영을 원점으로 되돌려놓는 방향으로 발전해왔다. 게다가 우리 유럽에는 이와 견줄 만한 지역이 없다. 이 기간 동안 활발한 변화가 이뤄지지 않았기 때문이다. 나는 독일에도 이런 숲이 있었으면 하고 바라지만, 독일의 숲은 끊임없이 심각한 위협을 받고 있다. 에너지를 얻고자 하는 욕망도 그중 하나다.

30

함바흐숲을 살리자

우리 집 문 앞에서도 쾰른 입구에 있는 가르츠바일러Garzweiler 탄광을 더 자세히 살펴볼 계기가 있었다. 2018년 독일 전역에 대서특필된 바와 같이, 에너지 기업 RWE의 대형 굴삭기가 수십 년 전부터 자연경관을 파고들면서 도시뿐만 아니라 숲을 파괴하고 있다. 대형 굴삭기가 지나간 곳에는 더 이상 메울 수 없는 거대한 구멍이 생겼다. 대형 호수를 만들겠다는 계획 때문이었다! 이 호수는 20제곱킬로미터 넓이에 200미터 깊이이며, 호수를 채울 물은 2045년까지 라인강에서 마련해 끌어오겠다고 한다.

여기에서 물에 대해 잠시 설명하고 넘어가도록 하겠다. 갈탄을 채굴하는 동안에는 탄갱炭坑이 넘치지 않도록 수많은 펌프를 작동해 이곳으로 흘러들어온 지하수를 전부 빨아들이도록 해야 한다. 지하수가 목초지와 숲의 500미터 깊이까지 흘러들어오기 때문이다. 또한 대형 외륜 굴삭기가 400미터 이상 모래 토양까지 파먹고 들어가기 때문에 이것은 필요한 작업이다. 물이 곳곳에서 흘렀고, 내 관할 구역인 아이펠에서도 늪지가 빠른 속도로 건조해지는 현상을 볼 수 있었다. 한편 화석 연료가 있는 숲은 준설 작업 때문에 고통받고 있었다. 그 화석 연료가 이른바 갈탄이다.

아주 오래된 활엽수림인 함바흐숲Hambach Forest에서 특히 거센 반발이 일어났다. 함바흐숲은 《모히칸족의 최후The Last Of the Mohicans》* 의 원주민과 같은 존재다. 탄광 지대에 남아 있는 이 숲은 생태학적으로도 매우 가치 있는 곳이다. 오래된 참나무와 너도밤나무는 희귀 곤충과 벡스타인박쥐Myotis bechsteinii 같은 박쥐들의 서식지다. 오래된 나무의 구멍에서 여름에 암컷이 새끼를 데리고 산다. 한때 41제곱킬로미터에 달했던 이 숲은 2018년 가을 2제곱킬로미터만 남았다. 나머지 39제곱킬로미터에 달하는 지역이 광산 사용을 위해 벌목되었다. 대대적인 숲 살리기 운동을 벌인다고 효과가 있을까? 환경운동가들은 몇 년째 숲 살리기 운동을 하고 있다.

* 미국 작가 제임스 페니모어 쿠퍼James Fenimore Cooper가 1826년 발표한 장편소설로, 18세기 중반 프랑스와 영국이 아메리카에서 원주민 식민지를 두고 전쟁을 치르면서 원주민의 문명이 파괴된 사건을 다룬 역사소설이다.

숲길을 걸으며 캠페인을 하고 나무집을 지으며 전략적으로 중요한 지역을 점거했다. 숲을 많이 사용하지 않고도 일은 일어났다. 환경보호주의자들은 독일 전역의 이목을 모으는 데 성공했다. 조금이나마 남은 숲 지대는 그만큼 중요했다. 이것은 독일 환경 정책의 상징이었기 때문이다.

2018년 여름 큰 문제가 터졌다. 유난히 뜨겁고 건조한 날씨 탓에 침엽수림에 산불이 난 것이었다. 브란덴부르크의 트로이엔브리첸Treuenbrietzen도 마찬가지였다. 이 지역 여러 곳에서 동시에 산불이 났는데, 방화의 흔적이 있었다. 대규모 소방 인력을 투입했지만 불길은 3제곱킬로미터 면적의 소나무 숲을 태워버렸다. 숲이라고? 이것이 숲에서 자연 발생한 산불인지, 언론은 환경단체의 지원을 받으며 강한 의혹을 제기하기 시작했다. 빨리 자라고 고유종이 아닌 나무로 된 인공조림이 산불에 희생양이 된 것일까? 소나무는 테르펜틴이나 나뭇진과 같은 가연성 물질로 채워져 있어 휘발유통이나 다름없다. 건조한 여름에는 성냥 하나만 있어도 탄화수소 때문에 불이 잘 붙어 거의 폭발할 정도다.

반면 독일의 고유종으로 이루어진 활엽수림은 불이 잘 붙지 않는다. 즉 산불은 원래 중부 유럽 생태계에서 나타나는 현상이 아니다. 트로이엔브리첸 인공조림에서 발생한 산불은 산림 경영이 실패했다는 신호다. 환경단체 대표는 이런 현실에 대해 비판만 할 것이 아니라, 산림업계 · 농업계와 연합하여 국가에 재조림을 위한 보조금 지원을 촉구해야 한다고 이야기한다.

이제 본격적으로 함바흐숲에 대해 다루겠다. 함바흐숲 사태는 정책적 혼란에서 비롯되었다. 동독 지역에서 소나무 숲이 불타고 도움을 촉구하는 동안, 서독 지역에서는 임업 노동자들이 전기톱을 들고 10월 1일 벌목할 날만을 기다리고 있었다. 산림 연합은 어떤 도움도 청하지 않았고, 시위를 계획하거나 현장 사진만 찍었다. 또한 더러운 갈탄은 기후변화와 여름 무더위를 일으킨 원인이었다. 독일의 고유종 활엽수림은 기온이 올라가도 훨씬 안정적이다. 그런데 벌목을 막기 위해 오래된 참나무와 너도밤나무 수관에 나무집을 짓는 젊은이들이 있다. 젊은이들은 오래된 숲속 오크타운Oaktown · 비치타운Beachtown · 로리앙Lorién 등의 이름이 붙여진 작은 나무집촌에서 즐겁게 살고 있었다. 노르트라인베스트팔렌주정부에서 숲을 정리하기로 결정하기 전까지는 그랬다. 주정부는 뻔한 주장을 했다. 벌목은 산불로부터 숲을 보호하기 위한 조치라는 것이다. 직접 지은 작은 오두막이 건축법상 요구 조건에 부합하지 않는 건 당연한 일 아닌가! 그런데 산불 보호라니!

침엽수림과 달리 활엽수림에서는 벼락이 쳐도 불이 나지 않는다. 그렇다고 오래된 병 때문에 불이 날 일도 없지 않은가! 너도밤나무 가지를 잘라서 불을 붙여봐라. 안 붙는다. 헤르베르트 로일Herbert Reul 내무부 장관은 대안 주거지 철거를 지시했고 노르트

라인베스트팔렌주 역사상 최대 경찰 병력이 투입되었다. 벌목을 위한 진입로가 뚫리고, 도로는 확장되고 고정되었다. 이 길로 리프트 장치를 부착한 차량이 나무집촌을 밀고 들어왔다. 노동자들은 경찰의 보호를 받으며 나무집을 철거했고 차에 쓸려 평평해진 흙과 쓰레기만 남았다. 숲을 떠나기를 거부하는 환경운동가들은 경찰에 연행되었다.

숲에서 강제 철거를 진행하는 동시에 독일 각계 단체 연합이 모인 가운데 석탄위원회가 개최되었다. 이렇게 대중을 두 번 속였다. 이들은 독일이 화력발전소 가동을 어떻게 중단할지 포괄적 합의가 있어야 하는 이유를 밝혔다. 함바흐숲에 관한 사안은 논의되지 않았다. 토론 시간에 잠시 언급했을 뿐이다. RWE도 함바흐숲이 벌목될 때까지 몇 달이나 더 기다릴 마음이 없었다. 각계 전문가들은 현재 채광장 면적이 몇 년 동안 사용하기 충분하므로 벌목이 필요 없다는 의견을 제시했다.

나는 페이스북에 지원 메시지를 올렸다. 드디어 현장을 방문할 때가 온 것이다. 그린피스에서 마지막 순간 벌목을 중단시키기 위한 공동 캠페인을 조직할 의향이 있는지 문의 전화를 해왔다. 우리는 함바흐숲 행사에서 만나기로 약속했다. 행사는 미하엘 조벨Michael Zobel과 그의 아내가 이미 몇 년 전부터 기획해온 것이다. 미하엘은 자연보호 운동 리더로, 2014년 사라질 위험에 처한 함바호숲을 보호하기 위한 조직을 결성했다. 이후 그는 한 달에 한 번 함바흐숲에 관심 있는 사람들을 이끌고 숲 살리기 집회를 주도하고 있었다. 벌목이 계속되고 남은 2제곱킬로미터마저 사라질 위기에 처하자 그는 일주일에 한 번으로 횟수를 늘려 매주 일요일마다 집회를 열기로 했다.

2018년 9월 30일 일요일, 나는 가족, 숲 아카데미 동료들과 함께 먼지가 자욱한 광산 지대로 들어갔다. 공식 행사가 시작되기 한 시간 전 이미 수백 명의 사람이 모여 있었다. 참석자 수는 계속 늘어나 행사가 시작될 무렵 1만 명이 넘었다. 내 역할은 언론 인터뷰와 확성기를 들고 연설하는 것이었다. 빈 시간에는 참석자 무리에 섞여서 평화롭게 깃발을 흔들고 '함바흐숲을 살리자'는 구호를 외치며 숲을 돌아다녔다. 우리 주변에 수많은 경찰이 안전을 위해 따라다니고 공중에서는 헬리콥터로 시위 행렬을 감시하고 있었다.

행사가 척척 진행되지는 않았다. 개인적으로 나에게 이것은 대단한 경험이었다. 몇 주 후 켐니츠 같은 도시에서 외국인을 혐오하고 몰아내길 원하는 극우파들의 폭력 시위가 있었다. 함바흐숲에서의 시위와는 전혀 다른 세계였다. 이곳에는 1980년대 초반 시위 문화가 살아 있었다. 그 당시 핵미사일과 원자력 발전소 반대 시위가 벌어졌다.

기자들은 나에게 함바흐숲이 정말 살아남을 가능성이 있는지 질문했다. 함바흐숲에는 이미 채광장이 있고 탄갱에서는 지하수가 넘치고 끊임없이 펌프질을 해야 한다. 함바흐숲에 남아 있는 공간은 고작 2제곱킬로미터다. 제대로 된 숲 기후와 습도가 갖춰지기에는 너무 작은 공간이다. 이렇게 훼손된 상태의 숲에 미래가 있는지 의심스럽다는 것이다. 2018년 유난히 건조하고 더운 여름 날씨는 나무에게 극한의 스트레스 실험과 같았기에 내 대답은 아주 간단했다. 10월에 시위가 계속되는 동안 다른 숲이나 도시의 가로수와는 달리 함바흐숲의 오래된 참나무와 너도밤나무는 여전히 건강하고 생명력 넘치게 잘 살고 있다는 사실이 확인되었다. 함바흐숲은 계속 살아남을 가능성이 있었다. 이것은 벌목 중단 반대자들을 설득할 수 있는 중요한 포인트였다. 생존 가능성이 없다면 숲을 보호해야 한다고 시위할 명목이 없는 것이다.

하지만 함바흐숲에는 또 다른 갈등이 있다. 경제 성장과 기후보호 사이에서 생기는 갈등이다. 내가 보기에 작고 푸른 섬, 함바흐숲은 정치인들이 이산화탄소 배출량 저감 조치에 합의할지 신뢰도를 평가할 수 있는 시금석이었다. 숲은 진공청소기처럼 온실가스를 흡입하면서 저장한다. 함바흐숲에는 총 20만 톤의 온실가스가 저장되어 있다. 이것은 벌목될 때 직접적 또는 간접적으로 방출되는 양이다. 갈탄은 이런 잠재력이 몇 배에 달하므로, 땅속에 남아 있는 것이 더 낫다.

집회 며칠 후 뮌스터 상급행정재판소는 벌목 중단 조치를 내렸다. 자연보호단체 분트BUND가 승소했다!

2018년 11월 두 번째 만남에서 나는 우연히 또 다른 벌목 계획에 대한 이야기를 들었다. 그런데 이 계획은 대중의 관심을 받지 못하고 있었다. 나는 숲의 상태가 어떤지 살피기 위해 독일의 잡지 〈슈테른Stern〉 팀과 함께 숲을 방문했다. 나무에는 아직 생명력이 남아 있을까? 이곳이 정말 원시림일까? 그사이 나는 언론을 통해 몇 가지 절반의 진실을 접하게 되었다. 최대 1만 2천 살인 나무들이 있는 독일의 마지막 원시림이 함바흐숲이라는 것이다.

이것은 사실이 아니다. 독일에 이렇게 오래된 원시림은 없다. 소중한 생태계가 보존되어 있는 원시림 나무의 나이는 300살이 넘는다. 함바흐숲도 여기에 포함될 수 있다. 하지만 우리가 시위를 위해 함께 걸었던 모든 면적이 원시림은 아니다. 길게 늘어선 독일가문비는 인공조림 구역이라는 뜻이다. 이 벌목지에는 한때 자작나무가 있었다. 자작나무는 너도밤나무나 참나무와 우위를 다툴 수 없는 수종이고 노지에서 잘 자란다. 노지 환경에서 자작나무는 1년에 1미터 이상까지 자랄 수 있고 나무 치고는 수명이 짧아서 60년 정도밖에 못 산다. 이후에는 너도밤나무와 참나무가 다시 치고 들어와 쑥쑥 자란다.

함바흐숲에는 아직 이런 자작나무들이 있으며 과거에 인간이 개입한 흔적이 남아 있다. 하지만 많은 구역이 원시림의 특성을 보인다. 이것은 RWE에서 함바흐숲을 사들인 것과 관련이 있다. RWE는 벌목하기 위해 함바흐숲을 사들였다. 곧 영원한 안식에 들어갈 사형 선고를 받은 것이나 다름없는 함바흐숲에 정기적인 산림 경영은 무의미하다. 오래된 참나무는 점점 두꺼워졌고, 많은 나무가 죽어 쓰러졌다. 숲은 죽은 나무들 천지가 되었다. 이것은 수천 종의 곤충과 균류가 서식하기에 좋은 생태계였다. 사람들이 함바흐숲은 잠자는 숲속의 미녀가 되었다고, 즉 휴면 상태에 빠졌다고 표현할 만한 상황이었다.

우리가 거대한 나무들 사이를 통과했을 때, '깊은 잠에 빠진 잠자는 숲속의 공주'의 파수꾼들이 나무 위에서 줄을 타고 내려왔다. 대표는 복면을 하고 있었고 자신을 '곤조Gonzo'라고 소개했다. 함께 시위 중인 한 여인이 의심스러운 눈초리로 나무의 수관에서 말을 걸며 우리가 무엇을 하고 있는지 알고 싶어 했다. 우리가 언론 취재차 왔다는 사실을 알고는 분위기가 다소 부드러워졌다. 잠깐 인터뷰한 대가로 그녀는 나한테 바닥에 놓인 나무판자 몇 개를 로프로 묶어줄 수 있는지 물었다. 그녀는 나무집을 새로 짓기 위해 나무판자를 위로 올리려던 중이었다. 물론 나는 도와주었고, 곤조는 3미터 높이에서 로프를 던졌다. 곤조는 아래로 내려오고 싶지 않은 모양이었다. 그사이 노란색 순찰 조끼를 입은 작업자 무리가 우리를 향해 왔기 때문이었다. 무얼 하러 왔을까?

시위자들은 체포되지 않을 것 같았다. 그리고 나무판자들을 나무 위로 올려놓은 뒤였기에 주변에 건축 자재들도 많지 않았다. 곤조는 취재 기자들이 나무 위에 있고 모든 것을 정확하게 쫓고 있다고 이들에게 소리쳐 알렸다. 남자들은 나무를 점거하고 있는 농성자들의 야유를 들으며 뒤로 물러났다. 우리는 차분히 인터뷰를 진행했고, 이후 두 번째 주거지를 방문했다. 그리고 숲 가장자리에 있는 폐광 능선을 바라보았다. 이곳에서 경찰이 셰퍼드를 데리고 무언가를 외치고 있었는데, 나도 모르게 구동독의 국경에서 검문을 받았을 때의 느낌이 떠올랐다.

우리는 숲에서 나오자마자 주차장으로 갔다. 오프로드 차량 몇 대가 우리를 지나쳐 나무집촌 방향으로 가고 있었다. 좀 전에 우리를 검문하고 목적지를 물었던 경찰이 아마 이들에게 정보를 전달한 모양이었다.

곤조와 시위자들에게는 단 3시간의 휴식이 주어졌다. 그러나 곧 더 길어졌을 것이다. 2019년 2월 1일 석탄위원회는 화력발전소 전력 공급을 중단하고 늦어도 2038년에는 발전소를 폐쇄하겠다고 합의했다. 함바흐숲은 계속 남아야 한다는 권고 사항과 함께 말이다. 연방정부는 이 결정을 지키겠다는 의향을 내비쳤다. 함바흐숲은 살아남았다!

31

우리가 먼저 가져야 할 마음

지금까지 우리는 나무, 그리고 나무와 우리의 관계에 대해 알아보았다. 여러분이 코끼리처럼 큰 나무들과의 관계를 더욱 돈독하게 다지고 싶다면 관점을 바꾸는 것이 좋다. 대개 사람들은 자신의 몸을 보듯 나무를 관찰한다. 맨 꼭대기에 있는 수관은 우리의 머리, 그다음에 있는 나무줄기는 몸통, 맨 아래에 있는 뿌리는 지탱 기관이자 지지 기관으로 우리의 발에 해당한다. 이것은 심지어 전문 용어에도 반영된다. 독일어로 나무 아랫부분에 있는 간기를 'Stammfuß'라고 하는데, Stamm은 나무줄기, Fuß는 발이란 뜻이다. 또한 독일어로 나무의 윗부분에 있는 수관을 (왕이 머리 위에 쓰는 왕관 같다고 하여) 'Krone'라고 하는데 이 단어에는 왕관이란 뜻도 있다. 한편 뿌리에는 뇌와 유사한 구조가 있어서 기억을 저장하고 이웃 나무들과 부지런히 전기 신호로 소통한다. 따라서 뿌리는 인간의 신체로 보면 머리에 가장 가깝고, 어떻게 보면 몸통과도 비슷하다. '태양 전지'로 싹이 트고, 나무줄기에는 나뭇가지와 나뭇잎이 달린다. 이것은 동물의 다리와는 비교되지 않을 만큼 기능적이다. 이곳에서 양식이 생산되고 가공되며, 이를 통해 나무는 볼 수도 있고 숨 쉴 수도 있다. 게다가 상체에 속하는 이 부분은 재생 가능하다. 수많은 수종이 나무줄기가 죽으면 새싹을 틔운다. 반면 뿌리가 제거되면 나무의 지상부도 죽는다. 나무줄기가 지탱하고 서 있을 것이 없어서다.

인간과 달리 나무는 물구나무서기를 하고 있다고 생각하는 편이 더 정확하다. 모든 식물의 대응물은 토양 속 뿌리에 숨겨져 있다. 나무에게 가장 도움이 되는 것은 우리가 이 커다란 존재를 이해하고 공감할 수 있는 관점이다. 자연보호를 원한다면 자연에 공감하는 마음을 먼저 키우자.

우리는 법과 법령이 끼칠 영향을 이미 보고 있다. 지금도 대기 중 이산화탄소 함량은 계속 증가하고, 바다에는 쓰레기가 쌓이고, 숲 면적은 줄어들고 있다. 우리에게는 시급한 변화가 필요하다. 이러한 필요성은 다른 방법을 통해 설명되어야 한다. 고래나 코끼리를 생각해보자. 고래나 코끼리를 보호하는 데는 공감만으로도 어느 정도 성과를 얻을 수 있었다. 그렇다면 나무가 고래나 코끼리처럼 사람들의 공감을 얻는 존재가 될 수 없을까?

자연보호를 시작하기에 아직 늦지 않았다. 우리는 자연과 아직 매우 끈끈하게 연결되어 있다. 함바흐숲과 비아워비에자숲 시위, 미래를 위한 금요일Fridays for Future, 벌을 죽이는 행위에 반대하는 국민 청원 등 모든 연령대에서 나타나고 있는 국민의 노력은 변화가 일어나리라는 희망을 보여준다. 이러한 변화는 이해가 아니라 마음에서 온다.

감사의 말

"이 책에 나오는 정보들을 대체 어디서 찾으세요?" 나는 이런 질문을 받을 때가 있다. 내 대답은 아주 단순하다. "저는 그저 호기심이 많을 뿐입니다." 하고 답한다. 일간지의 자투리 정보, 동료나 학자들과의 대화, 독서나 여행을 막론하고 나는 모든 것에서 환상적인 현상을 접한다. 그리고 이런 현상들을 취합하고 정보를 더 수집하고 이를 뒷받침할 학술 연구 논문을 찾아 평가하면서 모든 것을 하나의 퍼즐처럼 맞춘다. 이 모든 것이 내가 관찰한 현상과 합쳐져 새로운 통찰을 불러온다. 이럴 때 나는 너무 흥분한 나머지 자리에서 벌떡 일어나 집 안을 돌아다니며 큰 소리로 외친다. "내 말 좀 들어봐. 나무가 모든 걸 알 수 있다니 정말 끝내주지 않아?" 나무에서 인간과 자연의 영역으로 주제를 확장한 후 아내와 아이들에게 당장 알려주고픈 이야깃거리가 자주 생겼다.

미리암, 카리나, 토비아스. 내 말에 항상 귀를 열고 들어줘서 고맙다! 사랑하는 내 가족은 글이 잘 풀리지 않아 원고가 뒤죽박죽일 때도 나에게 잘할 수 있다는 확신을 주었다.

집필 작업이 뒤죽박죽이었던 것은 계획이 엉성했기 때문이 아니다. 계획은 이미 짜여 있었다. 자료 조사 과정에서 새로운 문, 그것도 한 개가 아닌 여러 개의 문이 열렸다. 그 뒤에는 또 다른 흥미진진한 정보들이 숨어 있었고, 추가해야 할 장과 군더더기처럼 쓸데없는 장도 있었다. 그래서 나는 원고를 수정하고 불필요한 부분은 삭제하며 콘셉트를 전환해야 했다.

2월에 드디어 이 안개가 걷혔다. 나는 마지막 주름까지 펼 수 있었고 아내 미리암에게 다시 한번 원고를 보여주었다. 내가 원고를 읽어달라고 하면 가족이나 지인들은 대개 비판을 아낀다. 나를 아끼는 마음에서 그럴 것이다. 하지만 미리암은 이에 대해서는 매우 확실했다. 컨디션이 좋지 않은 날에도 내 원고를 꼼꼼히 읽어주었고, 설명이 빈약한 부분을 페이지까지 짚으며 하나하나 지적해주었다. 아내의 반응이 너무 좋을 때 나는 이것이 칭찬이라는 것도 알았다. 그래서 나는 방향을 잃지 않을 수 있었다.

루드비히 출판사의 하이케 플라우어트Heike Plauert와 팀원들은 내가 경이로운 현상과 정보를 어느 한쪽으로 치우치지 않고 소개할 수 있도록 도움을 주었다. 3월에 나는 원고를 완성했지만 아직 다듬을 부분이 많았다. 앙겔리카 리케Angelika Lieke는 내 글을 멋지게

다듬어주었다. 중복된 표현이나 설명이 부족한 부분을 얼마나 정확하게 집어내는지 정말 감탄스러웠다.

집필이 진행되는 가운데 판매 준비도 해야 했다. 예정된 발행일에 책을 출간해야 했기 때문이다. 인쇄소에서 열심히 책을 찍는 동안, 베아트리체 브라켄 귈케Beatrice Braken-Gülke는 TV 출연과 인터뷰를 준비했다. 여러 사람의 도움을 통해 이 책이 세상의 빛을 보게 되었다. 이 책이 탄생하기까지 2년이라는 시간이 걸렸다. 여러분의 평가가 벌써부터 기대된다!

지금까지 책을 판매한 수익을 어디에 사용했는지 궁금할 것이다. 나는 이 수익금을 숲 아카데미 운영 자금으로 쓰고 있다. 숲 아카데미는 숲이 울창한 아이펠의 베르스호펜에 있다. 이곳의 세미나와 강좌에서는 자연에 관한 지식을 다룬다. 이외에도 연구와 환경 캠페인 지원팀이 별도로 운영되고 있다. '숲으로 돌아가자'를 주제로 하는 내 책들을 계기로 '숲 모임'이 결성되었다. 정말 기쁘게 생각한다.

주류학계에 저항하여 지금도 호기심으로, 고전적인 관점으로는 답할 수 없는 문제들을 철저히 연구하는 학자들이 있다. 나의 든든한 지원군들에게 이 자리를 빌려 감사 인사를 전한다. 이들이 없었다면 내 퍼즐은 완전히 맞춰질 수 없을 뿐더러, 자연과 인간을 이어주는 신비의 띠에 담긴 의미를 해독할 수도 없었을 것이다.

주

1 Davidoff, Jules et al.: Colour categories and category acquisition in Himba and English, in: Progress in Colour Studies, Volume II, John Benjamins Publishing Company, Amsterdam, 2006, Seite 159 ff.

2 Valenta, K. et al.: The evolution of fruit colour: phylogeny, abiotic factors and the role of mutualists, in: Scientific reports 8, article number: 1430 (2018), https://www.nature.com/articles/s41598-018-32604-x

3 https://www.sciencealert.com/humans-didn-t-see-the-colour-blueuntil-modern-times-evidence-science

4 https://www.thelancet.com/journals/lancet/article/PIIS0140-6736(12)60272-4/fulltext

5 https://www.thelancet.com/journals/lancet/article/PIIS0140-6736(12)60272-4/fulltext

6 Fademrecht, L. et. al.: Action recognition is viewpoint-dependent in the visual periphery, in: Elsevier, http://dx.doi.org/10.1016/j.visres.2017.01.011

7 Zum Beispiel hier: https://leswauz.com/2018/06/13/das-faszinierende-hundegehoer-wie-gut-hoert-ein-hund-wirklich/

8 https://www.augsburger-allgemeine.de/wissenschaft/Das-mit-dem-Ohren-wackeln-id5997781.html

9 Gruters, K. et al.: The eardrums move when the eyes move: A multisensory effect on the mechanics of hearing, in: Proceedings of the National Academy of Sciences Feb 2018, 115 (6) E1309-E1318; DOI: 10.1073/pnas.1717948115

10 Stricker, Martina: Mantrailing. Franckh Kosmos Verlag, 2017, S. 32

11 Froböse, Rolf: Wenn Frösche vom Himmel fallen. Wiley-VCH Verlag, Weinheim, 2009

12 Laska, Matthias: Human and Animal Olfactory Capabilities Compared, 201, DOI 10.1007/978-3-319-26932-0_32.

13 https://www.augsburger-allgemeine.de/themenwelten/leben-freizeit/Partnersuche-Wie-die-Nase-die-Liebe-bestimmt-id6119146.html

14 https://www.br.de/radio/bayern2/sendungen/iq-wissenschaft-undforschung/mensch/riechstoerungen-diagnose-therapie100.html

15 Steiner-Welz, S.: Die wichtigsten Körperfunktionen der Menschen. Vermittler Verlag, Mannheim, 2005, S. 249

16 https://www.tagesspiegel.de/wissen/biologie-auf-den-geschmackgekommen/1503218.html

17 Gerspach, A. C. et al.: The role of the gut sweet taste receptor in egulating GLP-1, PYY, and CCK release in humans, in: American Journal of Physiology, 01.08.2011, doi.org/10.1152/ajpendo.00077.2011

18 Gut für Gaumen und Verdauung: Forscher entschlüsseln Geheimnis der Gewürze, Pressemitteilung der Ludwig-Maximilians-Universität München vom 08.06.2007

19 Grunwald, M. et al.: Human haptic perception is interrupted by explorative stops of milliseconds, in: Frontiers in Psychology, 09.04.2014, https://doi.org/10.3389/fpsyg.2014.00292

20 https://www.spektrum.de/news/ohne-tastsinn-gibt-es-kein-leben/1302125

21 https://www.spektrum.de/news/ohne-tastsinn-gibt-es-kein-leben/1302125

22 Grunwald, M. et. al.: EEG changes caused by spontaneous facial self-touch may represent emotion regulating processes and working memory maintenance, in: Elsevier Nr. 1557, S. 111–126, 04.04.2014

23 https://rp-online.de/panorama/wissen/der-sechste-sinn-der-tiere_iid-9317101#4

24 Everding, G.: Brain region learns to anticipate risk, provides early warnings, suggests new study in Science, Pressemitteilung der Washington University in St. Louis vom 17.02.2005

25 Vance, Erik: Der Weiße Hai: Gefahr oder gefährdet?, in: National Geographic, Heft 7, 2016, S. 96 bis 119

26 https://www.nabu.de/tiere-und-pflanzen/voegel/vogelkunde/gut-zuwissen/12017.html

27 K. Yokawa, T. Kagenishi, A. Pavlovič, S. Gall, M. Weiland, S. Mancuso, F. Baluška: Anaesthetics stop diverse plant organ movements, affect endocytic vesicle recycling and ROS homeostasis, and block action potentials in Venus flytraps, in: Annals of Botany, mcx155, https://doi.org/10.1093/aob/mcx155

28 https://www.wissenschaft.de/umwelt-natur/warum-gibt-es-keinerieseninsekten/

29 Richter, D. et al.: The age of the hominin fossils from Jebel Irhoud, Morocco, and the origins of the Middle Stone Age, in: Nature Nr. 546, S. 293–296, 08.06.2017

30 http://sicb.org/meetings/2016/schedule/abstractdetails.php?id=349

31 Peter B. Beaumont: The Edge: More on Fire-Making by about 1.7 Million Years Ago at Wonderwerk Cave in South Africa, in: Current Anthropology 52, Nr. 4 (August 2011), S. 585–595

32 Hubbard, Troy D. et al.: Molecular Biology and Evolution, Volume 33, Issue 10, October 1, 2016, Pages 2648–2658

33 Morley, Erica und Robert, Daniel: Electric Fields Elicit Ballooning in Spiders, in: Current Biology 28, 2324–2330, 23. Juli 2018

34 https://www.wissenschaft.de/umwelt-natur/spannung-liegt-inder-luft/

35 Clarke, Dominic et al.: Detection and Learning of Floral Electric Fields by Bumblebees, in: Science Nr. 340, Seite 66–69, 5. April 2013, DOI: 10.1126/science.1230883

36 Greggers, U. et al.: Reception and learning of electric fields in bees, in: Proc Biol Sci. 2013 Mar 27;280(1759):20130528. doi: 10.1098/rspb.2013.0528

37 Nakajima, Kenichi et al.: KCNJ15/Kir4.2 couples with polyamines to sense weak extracellular electric fields in galvanotaxis, in: Nature Communications, Volume 6, Article number: 8532 (2015), https://doi.org/10.1038/ncomms9532

38 http://www.bfs.de/DE/themen/emf/mobilfunk/schutz/vorsorge/empfehlungen-handy.html

39 Schopfer, P. und Brennicke, A.: Pflanzenphysiologie. 7. Auflage, Springer-Verlag, Berlin, Heidelberg, 2016, S. 585

40 Chehab, E.W. et al.: Arabidopsis Touch-Induced Morphogenesis Is Jasmonate Mediated and Protects against Pests, in: Current Biology, Volume 22, Issue 8, April 24, 2012, Seiten 701–706

41 Aigner, F.: How do trees go to sleep?, Pressemitteilung der technischen Universität Wien vom 17.05.2016

42 Coghlan, A.: Trees may have a 〈heartbeat〉 that is so slow we never noticed it, in: New Scientist, 20. April 2018, https://www.newscientist.com/article/2167003-trees-may-have-a-heartbeat-that-is-so-slowwe-never-noticed-it/

43 Rodrigo-Moreno, A. et al.: Root phonotropism: Early signalling events following sound perception in Arabidopsis roots. Plant Science. 264. 10.1016/j.plantsci.2017.08.001., 2017

44 Gagliano, M. et al.: Tuned in: plant roots use sound to locate water, in: Oecologia. 2017 May;184(1):151–160. doi: 10.1007/s00442-017-3862-z. Epub 2017 Apr 5.

45 https://www.planet-wissen.de/natur/pflanzen/sinne_der_pflanzen/pwiewissensfrage

528.html
46 Meissen, R.: Hearing danger: predator vibrations trigger plant chemical defenses, in: decoding science, a science blog from the Bond Life Sciences Center at the University of Missouri, 01.07.2014, https://decodingscience.missouri.edu/2014/07/01/hearing-dangerappel-cocroft/
47 Hendrix, P. et al.: Pandora's Box Contained Bait: The Global Problem of Introduced Earthworms, in: Annual Review of Ecology, Evolution, and Systematics 39, 2008, S. 593–613
48 Naudts, Kim et al: Europe's forest management did not mitigate climate warming, in: Science, 5 February 2016, vol. 351, Issue 6273, S. 597
49 https://neobiota.bfn.de/grundlagen/anzahl-gebietsfremder-arten.html
50 https://www.wolf-sachsen.de/de/wolfsmanagement-in-sn/monitoringund-forschung/streckenentwicklung
51 http://www.deutsches-jagd-lexikon.de/index.php?title=Jagdstatistik_Deutschland #Rehwild
52 https://www.jagdverband.de/jagdstatistik
53 Dohle, U.: Besser: Wie mästet Deutschland?, in: Ökojagd, Februar 2009, S. 14-15
54 https://www.jagdverband.de/jagdstatistik
55 http://www.ilmaggiodiaccettura.it
56 Schneider, A.: Zypern, DuMont-Reiseführer, 2016, S. 155
57 https://www.explore-inverness.com/what-to-do/outdoors/munlochy-clootie-well/
58 https://www.optik-akademie.com/deu/info-portal/augenoptik/das-auge/die-hornhaut.html
59 http://www.baer-linguistik.de/beitraege/jdw/treue.htm
60 Monbiot, George: Forget 《the environment》: we need new words to convey life's wonders, in: The Guardian, 09.08.2017, https://www.theguardian.com/commentisfree/2017/aug/09/forget-theenvironment-new-words-lifes-wonders-language
61 Neubauer, Katrin: Warum Waldspaziergänge so gesund sind, in: Spiegel Online, 10.02.2014,http://www.spiegel.de/gesundheit/psychologie/waldspaziergaenge-warum-sie-fuer-koerper-und-geistgesund-sind-a-952492.html
62 v. Haller, A.: Lebenswichtig aber unerkannt. Verlag Boden und Gesundheit, Langenburg 1980.
63 Richter, Christoph: Phytonzidforschung – ein Beitrag zur Ressourcenfrage, in:

Hercynia N. F., Leipzig 24 (1987) 1, S. 95-106

64 J. Fröhlich et al.: High diversity of fungi in air particulate matter, PNAS, 13. Juli 2009, DOI: 10.1073/pnas.0811003106

65 Li Q et al.: Visiting a forest, but not a city, increases human natural killer activity and expression of anti-cancer proteins, in: International Journal of Immunopathology and Pharmacology, doi.org/10.1177/039463200802100113

66 Lee, Jee-Yon und Lee, Duk-Chul: Cardiac and pulmonary benefits of forest walking versus city walking in elderly women: A randomised, controlled, open-label trial, in: European Journal of Integrative Medicine 6 (2014), S. 5–11

67 Kardan, O. et al.: Neighborhood greenspace and health in a large urban center, Scientific Reports, volume 5, Article number: 11610 (2015), https://doi.org/10.1038/srep11610

68 Dr. Qing Li: Shinrin-Yoku. Penguin Random House UK, 2018

69 https://ihrs.ibe.med.uni-muenchen.de/klimatologie/waldtherapie/index.html

70 Huffman, M.: Animal self-medication and ethno-medicine: exploration and exploitation of the medical properties of plants, in: Proceedings of the Nutrition Society, Nr. 62/2003, S. 317-376

71 http://www.spiegel.de/wirtschaft/service/giftpflanze-im-rucolagestruepp-des-grauens-a-643634.html

72 López-Rull, I. et al.: Incorporation of cigarette butts into nests reduces nest ectoparasite load in urban birds: new ingredients for an old recipe?, in: The Royal Society Publishing, 23.02.2013, https://doi.org/10.1098/rsbl.2012.0931

73 https://baumzeitung.de/fileadmin/user_upload/Rinn_Restwand.pdf

74 https://www.tagesanzeiger.ch/leben/gesellschaft/ist-der-baumderbessere-mensch/story/29727825

75 Umweltbundesamt: Umweltbewusstsein in Deutschland 2016, Ergebnisse einer repräsentativen Bevölkerungsumfrage, April 2016

76 https://www.umweltbundesamt.de/themen/verkehr-laerm/laermwirkung/stressreaktionen-herz-kreislauf-erkrankungen#textpart-4

77 Landrigan, Philip J. et al.: The Lancet Commission on pollution and health, The Lancet, Vol. 391, No. 10119, October 19, 2017

78 https://www.umweltbundesamt.de/themen/wirtschaft-konsum/industriebranchen/feuerungsanlagen/kleine-mittlerefeuerungsanlagen#textpart-1

79 Der sächsische Wald im Dienst der Allgemeinheit, Staatsbetrieb Sachsenforst, Pirna, Oktober 2003, S. 33

80 Wilkinson, T.: Aufstieg und Fall des Alten Ägypten. Pantheon, Juli 2018, S. 96

81 https://www.bussgeldkatalog.org/umwelt-baum-faellen/

82 Naudts, Kim et al: Europe's forest management did not mitigate climate warming, in: Science, 5. February 2016, Vol. 351 Issue 6273, S. 597

83 https://de.statista.com/statistik/daten/studie/179260/umfrage/die-zehn-groessten-c02-emittenten-weltweit/

84 Markus Rex vom Alfred-Wegener-Institut über die Eisschmelze in der Arktis. radioWelt, 26.10.2018 um 06:05 Uhr, Bayern 2

85 Klimawandel in der Arktis, Ingmar Nitze im Gespräch mit Arndt Reuning, Sendung des Deutschlandfunks vom 18.07.2018

86 https://plattform-wald-klima.de/2019/02/20/fake-news-oderklimaloesung-drax-will-englische-biertrinker-zu-klimaschuetzernmachen/

인간과 자연의 비밀 연대

초판 1쇄 인쇄 | 2020년 7월 30일
초판 1쇄 발행 | 2020년 8월 5일

지은이 | 페터 볼레벤
옮긴이 | 강영옥
감수자 | 남효창

발행인 | 김기중
주간 | 신선영
편집 | 고은희, 정진숙
마케팅 | 김은비
경영지원 | 홍운선
펴낸곳 | 도서출판 더숲
주소 | 서울시 마포구 동교로 150, 7층 (우)04030
전화 | 02-3141-8301~2
팩스 | 02-3141-8303
이메일 | info@theforestbook.co.kr
페이스북·인스타그램 | @theforestbook
출판신고 | 2009년 3월 30일 제2009-000062호

ISBN | 979-11-90357-40-1 (03400)

이 도서의 국립중앙도서관 출판예정도서목록(CIP)은 서지정보유통지원시스템 홈페이지(http://seoji.nl.go.kr)와
국가자료종합목록시스템(http://www.nl.go.kr/kolisnet)에서 이용하실 수 있습니다.
(CIP제어번호: CIP2020028949)

자연의 비밀 네트워크

나무가 구름을 만들고 지렁이가 멧돼지를 조종하는 방법

페터 볼레벤 지음 | 강영옥 옮김 | 332쪽 | 16,000원

숲에서 벌어지는 교감과 연대, 동맹과 배신, 삶과 성장에 대한 경이로운 발견!

세계적 베스트셀러 작가이자 전 세계에서 가장 사랑받는 숲 해설가 페터 볼레벤의 흥미진진한 자연탐험기. 인간이 만든 어떤 네트워크보다 훨씬 사회적인 자연의 비밀스러운 네트워크를 발견할 수 있다.

* 2020년 우수환경도서(일반 성인도서 부문)
* 서울시교육청도서관 선정 2018년 7월 사서추천도서
* 행복한아침독서 선정 2019년 아침독서 추천도서(공공도서관용, 중고등학교 도서관용)

나무 다시 보기를 권함

페터 볼레벤이 전하는, 나무의 언어로 자연을 이해하는 법

페터 볼레벤 지음 | 강영옥 옮김 | 304쪽 | 16,000원

세계적인 생태 작가가 배우고 발견한 나무의 놀라운 세계

페터 볼레벤의 초기작으로 숲을 본격적으로 관찰하면서 얻은 신선하고 놀라운 깨달음으로 가득하다. 인간의 잘못된 선택으로 바뀌어버린 숲과 그 속에서 제대로 뿌리내리지 못한 채 살아가는 나무들을 남다른 시선으로 들여다보며, 나무를 제대로 이해하려면 나무의 언어를 배워야 한다고 조언한다.

* 국립중앙도서관 선정 2020년 4월 사서추천도서